高等职业教育建筑装饰工程技术专业教学基本要求

高职高专教育土建类专业教学指导委员会
建筑设计类专业分指导委员会 编制

U0249327

中国建筑工业出版社

图书在版编目(CIP)数据

高等职业教育建筑装饰工程技术专业教学基本要求/高职高专
教育土建类专业教学指导委员会建筑设计类专业分指导委员会编
制. —北京：中国建筑工业出版社，2012.12

ISBN 978-7-112-15036-6

Ⅰ. ①高…　Ⅱ. ①高…　Ⅲ. ①建筑装饰-工程施工-高等职业
教育-教学参考资料　Ⅳ. ①TU767

中国版本图书馆 CIP 数据核字（2013）第 008065 号

责任编辑：朱首明　杨　虹
责任设计：李志立
责任校对：姜小莲　陈晶晶

高等职业教育建筑装饰工程技术专业教学基本要求
高职高专教育土建类专业教学指导委员会
建筑设计类专业分指导委员会　编制

*

中国建筑工业出版社出版、发行(北京西郊百万庄)

各地新华书店、建筑书店经销
北 京 红 光 制 版 公 司 制 版
北京云浩印刷有限责任公司印刷

*

开本：787×1092毫米　1/16　印张：6　字数：148千字
2013 年 7 月第一版　2013 年 7 月第一次印刷
定价：**20.00** 元
ISBN 978-7-112-15036-6
（23142）

土建类专业教学基本要求审定委员会名单

主　任： 吴　泽

副主任： 王凤君　袁洪志　徐建平　胡兴福

委　员：（按姓氏笔划排序）

丁夏君　马松雯　王　强　危道军　刘春泽

李　辉　张朝晖　陈锡宝　武　敬　范柳先

季　翔　周兴元　赵　研　贺俊杰　夏清东

高文安　黄兆康　黄春波　银　花　蒋志良

谢社初　裴　杭

出　版　说　明

近年来，土建类高等职业教育迅猛发展。至 2011 年，开办土建类专业的院校达 1130 所，在校生近 95 万人。但是，各院校的土建类专业发展极不平衡，办学条件和办学质量参差不齐，有的院校开办土建类专业，主要是为满足行业企业粗放式发展所带来的巨大人才需求，而不是经过办学方的长远规划、科学论证和科学决策产生的自然结果。部分院校的人才培养质量难以让行业企业满意。这对土建类专业本身的和土建类专业人才的可持续发展，以及服务于行业企业的技术更新和产业升级带来了极大的不利影响。

正是基于上述原因，高职高专教育土建类专业教学指导委员会（以下简称"土建教指委"）遵从"研究、指导、咨询、服务"的工作方针，始终将专业教育标准建设作为一项核心工作来抓。2010 年启动了新一轮专业教育标准的研制，名称定为"专业教学基本要求"。在教育部、住房和城乡建设部的领导下，在土建教指委的统一组织和指导下，由各分指导委员会组织全国不同区域的相关高等职业院校专业带头人和骨干教师分批进行专业教学基本要求的开发。其工作目标是，到 2013 年底，完成《普通高等学校高职高专教育指导性专业目录（试行）》所列 27 个专业的教学基本要求编制，并陆续开发部分目录外专业的教学基本要求。在百余所高等职业院校和近百家相关企业进行了专业人才培养现状和企业人才需求的调研基础上，历经多次专题研讨修改，截至 2012 年 12 月，完成了第一批 11 个专业教学基本要求的研制工作。

专业教学基本要求集中体现了土建教指委对本轮专业教育标准的改革思想，主要体现在两个方面：

第一，为了给各院校留出更大的空间，倡导各学校根据自身条件和特色构建校本化的课程体系，各专业教学基本要求只明确了各专业教学内容体系（包括知识体系和技能体系），不再以课程形式提出知识和技能要求，但倡导工学结合、理实一体的课程模式，同时实践教学也应形成由基础训练、综合训练、顶岗实习构成的完整体系。知识体系分为知识领域、知识单元和知识点三个层次。知识单元又分为核心知识单元和选修知识单元。核心知识单元提供的是知识体系的最小集合，是该专业教学中必要的最基本的知识单元；选修知识单元是指不在核心知识单元内的那些知识单元。核心知识单元的选择是最基本的共性的教学要求，选修知识单元的选择体现各校的不同特色。同样，技能体系分为技能领域、技能单元和技能点三个层次组成。技能单元又分为核心技能单元和选修技能单元。核心技能单元是该专业教学中必要的最基本的技能单元；选修技能单元是指不在核心技能单元内的那些技能单元。核心技能单元的选择是最基本的共性的教学要求，选修技能单元的选择体现各校的不同特色。但是，考虑到部分院校的实际教学需求，专业教学基本要求在附录 1《专业教学基本要求实施示例》中给出了课程体系组合示例,可供有关院校参考。

第二,明确提出了各专业校内实训及校内实训基地建设的具体要求(见附录 2),包括:实训项目及其能力目标、实训内容、实训方式、评价方式,校内实训的设备(设施)配置标准和运行管理要求,实训师资的数量和结构要求等。实训项目分为基本实训项目、选择实训项目和拓展实训项目三种类型。基本实训项目是与专业培养目标联系紧密,各院校必须开设,且必须在校内完成的职业能力训练项目;选择实训项目是与专业培养目标联系紧密,各院校必须开设,但可以在校内或校外完成的职业能力训练项目;拓展实训项目是与专业培养目标相联系,体现专业发展特色,可根据各院校实际需要开设的职业能力训练项目。

受土建教指委委托,中国建筑工业出版社负责土建类各专业教学基本要求的出版发行。

土建类各专业教学基本要求是土建教指委委员和参与这项工作的教师集体智慧的结晶,谨此表示衷心的感谢。

高职高专教育土建类专业教学指导委员会
2012 年 12 月

前　　言

　　《高等职业教育建筑装饰工程技术专业教学基本要求》是根据教育部《关于委托各专业类教学指导委员会制（修）定"高等职业教育专业教学基本要求"的通知》（教职成司函【2011】158号）和住房和城乡建设部的有关要求，在高职高专教育土建类专业教学指导委员会的组织领导下，由建筑设计类专业分指导委员会编制完成。

　　本教学基本要求编制过程中，编制组对职业岗位、专业人才培养目标与规格，专业知识体系与专业技能体系等开展了广泛调查研究，认真总结实践经验，经过广泛征求意见和多次修改而定稿。本要求是高等职业教育建筑装饰工程技术专业建设的指导性文件。

　　本教学基本要求主要内容是：专业名称、专业代码、招生对象、学制与学历、就业面向、培养目标与规格、职业证书、教育内容及标准、专业办学基本条件和教学建议、继续学习深造建议；包括两个附录，一个是"建筑装饰工程技术专业教学基本要求实施示例"，一个是"高职高专教育建筑装饰工程技术专业校内实训及校内实训基地建设导则"。

　　本教学基本要求适用于以普通高中毕业生为招生对象、三年学制的建筑装饰工程技术专业，教育内容包括知识体系和技能体系，倡导各学校根据自身条件和特色构建校本化的课程体系，课程体系应覆盖知识/技能体系的知识/技能单元尤其是核心知识/技能单元，倡导工学结合、理实一体的课程模式。

　　本教学基本要求由高职高专教育土建类专业教学指导委员会负责管理，由高职高专教育土建类专业教学指导委员会建筑设计类专业分指导委员会负责日常管理，由江苏建筑职业技术学院负责具体教学基本要求条文的解释。使用过程中如有意见和建议，请寄送江苏建筑职业技术学院（地址：江苏徐州泉山区学苑路26号，邮编：221116）。

　　主　编　单　位：江苏建筑职业技术学院
　　参　编　单　位：四川建筑职业技术学院
　　　　　　　　　　内蒙古建筑职业技术学院
　　　　　　　　　　黑龙江建筑职业技术学院
　　　　　　　　　　山西建筑职业技术学院
　　主要起草人员：孙亚峰　王　峰　江向东　魏大平　张　鹏
　　主要审查人员：季　翔　钟　建　杨青山　马松雯　陈卫华　冯美宇　徐锡权
　　　　　　　　　赵肖丹　陈　华

专业指导委员会衷心地希望，全国各有关高职院校能够在本文件的原则性指导下，进行积极的探索和深入的研究，为不断完善建筑装饰工程技术专业的建设与发展作出自己的贡献。

高职高专教育土建类专业教学指导委员会
建筑设计类专业分指导委员会　季　翔

目　　录

高等职业教育建筑装饰工程技术专业
教学基本要求

1 专业名称

建筑装饰工程技术

2 专业代码

560102

3 招生对象

普通高中毕业生

4 学制与学历

三年制，专科

5 就业面向

5.1 就业职业领域

建筑装饰装修施工企业、建筑装饰装修工程监理企业、建筑装饰装修设计单位、建筑装饰装修工程管理单位及其他相关企事业等单位。

5.2 初始就业岗位群

以建筑装饰装修工程施工现场施工员为主要就业岗位，以施工现场室内设计员、质量员、安全员、材料员、资料员、造价员、标准员等岗位为就业岗位群。

5.3 发展或晋升岗位群

以注册建造师、监理工程师、造价师、设计师为发展岗位群，毕业工作满2年可考取二级注册建造师，毕业工作满6年可考取一级注册建造师，其他工程师获取时间为5年。

6 培养目标与规格

6.1 培养目标

本专业培养拥护党的基本路线，德、智、体、美等全面发展，具有良好职业素养和创新能力，掌握建筑装饰装修施工与管理的知识，具有较强建筑装饰装修工程的施工组织与管理、施工图绘制、装饰工程造价、材料采供与管理、工程信息管理等能力的高级技术技能人才。

6.2 人才培养规格

1. 毕业生具备的基本素质

（1）政治思想素质：热爱中国共产党、热爱社会主义祖国、拥护党的基本路线和改革开放的政策，事业心强，有奉献精神；具有正确的世界观、人生观、价值观，遵纪守法，为人诚实、正直、谦虚、谨慎，具有良好的职业道德和公共道德。

（2）文化素质：具有专业必需的文化基础，具有良好的文化修养和审美能力；知识面宽，自学能力强；能用得体的语言、文字和行为表达自己的意愿，具有社交能力和礼仪知识；具有严谨务实的工作作风。

（3）身体和心理素质：拥有健康的体魄，能适应岗位对体能的要求；具有健康的心理和乐观的人生态度；朝气蓬勃，积极向上，奋发进取；思路开阔、敏捷，善于分析问题、解决问题。

（4）业务素质：具有从事专业工作所必需的专业知识和能力；具有创新精神、自觉学习的态度和立业创业的意识，初步形成适应社会主义市场经济需要的就业观和人生观。

2. 毕业生具备的知识

（1）具备信息技术基础、建筑工程基础、行业法规等基本理论知识；

（2）掌握建筑装饰装修工程制图、识图和装饰设计知识；

（3）具备建筑装饰装修材料采供、管理与运用的知识；

（4）具备建筑装饰装修工程计量与计价的知识；

（5）掌握建筑装饰装修构造与工程施工技术的知识；

（6）具备建筑装饰装修工程施工安全管理的知识；

（7）具备建筑装饰装修工程施工质量管理与检验的知识；

（8）具备建筑装饰装修工程技术资料管理的知识。

3. 毕业生具备的能力

（1）具有较高的美学修养和艺术造型能力；

（2）具有中小型装饰装修工程方案设计、方案效果图设计、施工图绘制能力；

（3）具有建筑装饰装修材料应用、采购和管理的能力；

（4）具有较强的中小型建筑装饰装修工程预决算编制能力、工程成本控制分析能力和编制投标经济标的能力；

（5）具有较强的建筑装饰装修工程主要工种的操作能力和指导各分项工程施工能力；

（6）具有一定的建筑装饰装修工程项目施工组织方案设计和编制建筑装饰工程施工技术标投标文本的能力；

（7）具有较强的建筑装饰装修工程施工安全管理和质量检验的能力；

（8）具有熟练的建筑装饰装修工程技术资料的收集与整理能力。

4. 毕业生具备的职业态度

（1）遵守相关法律、法规、标准和规定；

（2）树立"质量第一、安全第一"的理念，坚持安全生产，文明施工；

（3）具有节约资源、保护环境和科学施工的意识；

（4）爱岗敬业，严谨务实，团结协作，具有良好的职业操守。

7 职业证书

施工员（装饰装修）、质量员（装饰装修）、安全员、资料员、材料员、室内设计员（中级、高级）、标准员、造价员等（取得其中1～2个）。

8 教育内容及标准

8.1 专业教育内容体系框架（见表1）

建筑装饰工程技术专业职业岗位能力与知识分析表　　　　　　　　　　表1

序号	职业岗位	岗位综合能力	职业核心能力	主要知识领域
1	施工员	建筑装饰装修工程施工技术管理能力	（1）熟练的识图能力 （2）编制施工方案、进行施工组织的能力 （3）参与图纸会审与技术交底的能力 （4）执行相关规范和技术标准的能力 （5）测量放线的能力 （6）选择使用材料、机具的能力 （7）施工技术应用能力 （8）成品保护的能力 （9）与设备配合施工能力	建筑工程基本知识 建筑装饰材料、构造与施工知识 顶棚装饰施工知识 墙、柱面装饰施工知识 轻质隔墙施工知识 门窗制作与安装知识 楼地面装饰施工知识 楼梯及扶栏装饰施工知识 水暖电成品安装知识 室内陈设制作与安装知识 建筑装饰工程项目管理知识

序号	职业岗位	岗位综合能力	职业核心能力	主要知识领域
2	室内设计员	建筑装饰装修设计与效果图、施工图绘制能力	(1) 设计草图表现能力 (2) 绘制空间透视图能力 (3) 手绘效果图表现能力 (4) 运用软件绘制效果图能力 (5) 绘制建筑装饰施工图能力 (6) 编制装饰工程图技术文件的能力	艺术造型知识 建筑装饰制图与识图知识 建筑装饰设计知识 建筑装饰效果图制作知识 建筑装饰施工图绘制知识 建筑工程基本知识 建筑装饰材料、构造与施工知识
3	造价员	建筑装饰装修工程造价能力	(1) 熟练的识图能力 (2) 熟练应用有关计量计价文件的能力 (3) 编制工程预算的能力 (4) 编制投标报价的能力 (5) 装饰装修工程的工料和成本控制分析的能力 (6) 编制工程竣工结算的能力 (7) 与相关部门协调配合能力	建筑装饰工程计量与计价知识 建筑装饰材料、构造与施工知识 建筑装饰工程招投标与合同管理知识
4	材料员	建筑装饰装修材料采供与管理能力	(1) 装饰材料的询价采购能力 (2) 装饰材料的质量检测能力 (3) 装饰材料验收及管理能力	建筑装饰材料、构造与施工知识 建筑装饰工程项目管理知识 建筑装饰工程质量检验与检测知识
5	资料员	建筑装饰装修工程信息管理能力	(1) 工程技术资料和数据的收集 (2) 施工内业文件的编制 (3) 施工内业文件的组卷与归档	建筑装饰工程信息管理知识
6	质量员、安全员	建筑装饰装修工程质量与安全管理能力	(1) 工序质量检验的能力 (2) 装饰装修工程质量标准的监控能力 (3) 一般施工质量缺陷的处理能力 (4) 编制施工安全技术措施和安全技术交底的能力 (5) 施工安全管理的能力 (6) 工程质量验收及验收表格的填写能力	建设工程法规知识 建筑装饰工程质量检验与检测知识 建筑装饰工程项目管理知识

　　专业教育内容体系由普通教育内容、专业教育内容和拓展教育内容三大部分构成。

　　普通教育内容：思想教育，自然科学，人文社会科学，外语，计算机信息技术，体育等。

　　专业教育内容：①专业基础理论：建筑装饰装修基本知识，建筑装饰制图，建筑装饰设计，建筑装饰材料、构造与施工，建筑装饰工程计量与计价，建筑装饰工程质量、安全、信息管理等。

　　②专业实践训练：装饰装修操作技能，顶棚装饰施工，墙、柱面装饰施工，轻质隔墙施工，门窗制作与安装，楼地面装饰施工，楼梯及扶栏装饰施工，水暖电安装，室内陈设制作与安装，建筑装饰施工图绘制，建筑装饰工程合同管理，建筑装饰装修工程施工项目管理；建筑装饰装修工程质量检验与检测等。

拓展教育内容：主要为培养学生2个以上岗位工作的能力或涉外工程施工能力而构建。主要开设：建筑装饰效果图制作，建筑幕墙施工，建筑节能等课程。

8.2 专业教学内容及标准

1. 专业知识、技能体系一览（见表2、表3）

建筑装饰工程技术专业知识体系一览   表2

知识领域	知 识 单 元		知 识 点
1. 建筑装饰装修基本知识	核心知识单元	（1）民用建筑的构造知识	1）墙体与基础构造 2）楼地层构造 3）楼梯构造 4）屋顶构造 5）门和窗构造 6）变形缝
		（2）民用建筑的结构类型知识	1）独立别墅的结构设计 2）小型办公楼的结构设计 3）小高层住宅的结构设计
		（3）建筑装饰装修构造与施工知识	1）楼地面装饰构造与施工 2）墙柱面装饰构造与施工 3）顶棚装饰构造与施工 4）隔墙与隔断装饰构造与施工 5）门窗构造与施工
	选修知识单元	民用建筑的设备系统	1）建筑给排水系统 2）建筑供暖系统 3）建筑通风系统 4）建筑消防系统
2. 建筑装饰制图与识图	核心知识单元	（1）建筑制图的基础知识	1）房屋建筑图的分类、作用、编排 2）图纸基本知识 3）国家现行建筑制图标准 4）房屋建筑图的图示原理
		（2）建筑装饰施工图识读与绘制	1）建筑装饰装修工程图的内容 2）识读建筑装饰装修平面图、顶棚图、立面图、节点详图 3）建筑装饰装修施工图绘制
	选修知识单元	（1）建筑结构、设备施工图识读	1）建筑结构图识读 2）建筑设备图识读
		（2）建筑装饰空间透视图知识	1）绘制一点透视 2）绘制两点透视

知识领域	知识单元		知识点
3. 建筑装饰设计知识	核心知识单元	(1) 建筑装饰设计基础知识	1) 建筑装饰设计概论 2) 建筑装饰设计风格与流派 3) 建筑装饰设计的方法与设计程序 4) 人体工程学
		(2) 建筑室内设计的内容	1) 室内空间组织与设计 2) 室内界面设计 3) 室内光环境设计 4) 室内色彩设计 5) 家具陈设与绿化庭院设计
		(3) 建筑室内装饰设计	1) 居住空间装饰设计 2) 公共空间装饰设计
	选修知识单元	建筑室外装饰设计	1) 招牌设计 2) 店面设计 3) 建筑外观装饰设计
4. 建筑装饰材料采供与管理知识	核心知识单元	(1) 常用装饰材料的基本知识	1) 装饰块材 2) 装饰板材 3) 涂裱类材料 4) 金属材料 5) 胶凝材料 6) 装饰五金
		(2) 常用装饰材料的应用	常用装饰材料的应用
	选修知识单元	(1) 特种装饰材料和新型装饰材料	1) 特种装饰材料和新型装饰材料的特点 2) 特种装饰材料和新型装饰材料的应用
		(2) 建筑装饰材料采供与管理	1) 建筑装饰材料的采供 2) 建筑装饰材料的管理
5. 建筑装饰工程造价知识	核心知识单元	(1) 建筑装饰工程工程量清单计量与计价知识	1) 楼地面工程计量与计价 2) 墙柱面工程计量与计价 3) 顶棚工程计量与计价 4) 门窗工程计量与计价 5) 其他工程计量与计价 6) 其他费用、措施项目费及单位工程费计算
		(2) 建筑装饰工程预决算的知识	1) 施工图预算编制 2) 施工预算编制 3) 工程竣工结算
		(3) 建筑装饰工程招投标知识	1) 编制招标公告 2) 编制招标文件 3) 策划工程开标 4) 组织评标定标 5) 编制投标价 6) 编制投标文件
	选修知识单元	建筑装饰工程合同的签订与管理的知识	1) 认识合同的类型 2) 施工合同条款的拟定 3) 施工合同的管理 4) 编制索赔报告

知 识 领 域	知 识 单 元		知 识 点
6. 建筑装饰工程施工技术管理知识	核心知识单元	装饰工程主要分项工程施工程序、工艺与方法的知识	1）顶棚装饰施工 2）墙、柱面装饰施工 3）楼地面装饰施工 4）楼梯及扶栏装饰施工 5）室内陈设制作与安装
	选修知识单元	装饰工程其他分项工程施工程序、工艺与方法的知识	1）水暖电安装 2）轻质隔墙施工 3）门窗制作与安装
7. 建筑装饰工程质量与安全管理知识	核心知识单元	（1）建筑装饰工程分部分项工程检验批的划分及验收程序的知识	1）建筑装饰装修工程子分部划分 2）分项工程划分 3）检验批划分及验收
		（2）装饰工程质量的检验与检测知识	1）楼地面装饰装修工程质量检验与检测 2）墙柱面装饰装修工程质量检验与检测 3）顶棚装饰装修工程质量检验与检测 4）其他装饰装修工程质量检验与检测
	选修知识单元	建筑装饰材料检验与检测的知识	1）建筑装饰材料的检验 2）建筑装饰材料的检测 3）室内环境检测
8. 建筑装饰工程信息管理知识	核心知识单元	（1）建设工程信息管理的知识	1）信息与系统 2）建设工程信息管理流程 3）建设工程信息管理系统
		（2）建设工程文件档案的资料管理	1）建筑工程监理文件档案资料管理 2）建筑工程施工文件档案资料管理 3）建筑工程造价信息管理
	选修知识单元	建设工程项目管理软件的知识	管理软件的使用方法

建筑装饰工程技术专业技能体系一览　　　　表3

技 能 领 域	技 能 单 元		技 能 点
1. 装饰装修操作技能	核心技能单元	（1）木作装饰技能	一般木制品加工
		（2）金属装饰制作安装技能	1）金属材料的切割与连接 2）金属制品的加工与制作
		（3）装饰涂裱技能	1）溶剂型材料涂刷 2）乳液型材料涂刷 3）壁纸裱糊
		（4）装饰镶贴技能	1）墙面瓷砖与石材镶贴 2）地面瓷砖与石材镶贴
	选修技能单元	幕墙制作安装技能	1）玻璃幕墙安装 2）石材幕墙安装 3）金属幕墙安装

技能领域	技能单元		技能点
2. 水暖电安装	核心技能单元	(1) 给排水系统安装施工	1) PVC 管材安装施工 2) PPR 管材安装施工 3) 卫生设备安装施工
		(2) 电气系统安装施工	1) 线管与线盒的敷设施工 2) 各种线材的连接施工 3) 弱电系统施工
	选修技能单元	供暖系统安装施工	供暖管道的安装施工
3. 顶棚装饰施工	核心技能单元	(1) 明龙骨吊顶	T 型龙骨矿棉（石膏、硅钙）板吊顶
		(2) 暗龙骨吊顶	1) 木龙骨木饰面板吊顶 2) 轻钢龙骨纸面石膏板吊顶 3) 轻钢龙骨金属方板（条板、格栅）吊顶
	选修技能单元	复杂吊顶	1) 玻璃采光吊顶 2) 金属龙骨铝塑板（不锈钢板）吊顶
4. 墙柱面装饰施工	核心技能单元	(1) 墙柱面块材面层施工	1) 室内墙柱面马赛克施工 2) 室内墙柱面装饰墙砖施工
		(2) 墙柱面板材面层施工	1) 室内墙柱面木质板材施工 2) 室内墙柱面石板材施工 3) 室内墙柱面金属板材施工
		(3) 墙柱面软包施工	室内墙柱面软包（硬包）施工
	选修技能单元	多种材料造型墙面施工	板材、块材与涂饰裱糊材料造型墙面施工
5. 轻质隔墙施工	核心技能单元	(1) 骨架式隔墙施工	1) 木骨架木饰面板隔墙施工 2) 轻钢龙骨纸面石膏板隔墙施工
		(2) 块材式隔墙施工	1) 轻质砌块隔墙施工 2) 玻璃砖隔墙施工
	选修技能单元	板材式隔墙施工	1) 玻璃板隔墙施工 2) GRC 多孔条板隔墙施工
6. 门窗制作与安装	核心技能单元	(1) 木门窗制作与安装	1) 实木成品门安装 2) 木装饰窗的制作与安装
		(2) 金属门窗制作与安装	1) 铝合金推拉窗制作与安装 2) 铝合金平开门制作与安装
	选修技能单元	(1) 塑钢门窗制作与安装	1) 塑钢推拉窗制作与安装 2) 塑钢平开门制作与安装
		(2) 特种门安装	1) 全玻地弹门的制作与安装 2) 自动感应门安装
7. 楼地面装饰施工	核心技能单元	(1) 楼地面块料面层施工	瓷砖、石材面层装饰施工
		(2) 楼地面竹木面层施工	1) 实铺式木地板安装施工 2) 强化复合木地板安装施工
		(3) 楼地面软质材料面层施工	1) 地毯面层装饰施工 2) 塑料面层装饰施工
	选修技能单元	楼地面玻璃面层施工	发光地面施工

技能领域	技 能 单 元		技 能 点
8. 楼梯及扶栏装饰施工	核心技能单元	（1）楼梯饰面施工	1）块料饰面施工 2）软质材料面层施工
		（2）金属扶栏施工	1）金属花格栏杆的制作 2）不锈钢扶栏的安装
	选修技能单元	（1）木楼梯、钢楼梯、玻璃楼梯安装	成品木楼梯（钢楼梯、玻璃楼梯）安装
		（2）木扶栏、玻璃扶栏安装	成品木扶栏（玻璃扶栏）安装
9. 室内陈设制作与安装	核心技能单元	（1）室内家具的选择与布置	1）客厅家具的选择与布置 2）卧室家具的选择与布置 3）会议室家具的选择与布置
		（2）室内饰品与织物的选择与布置	1）居室空间饰品与织物的选择与布置 2）办公空间饰品与织物的选择与布置
		（3）室内绿化的制作与布置	1）居室空间插花与植物布置 2）办公空间插花与植物布置 3）餐饮空间插花与植物布置
	选修技能单元	（1）室内固定家具的制作与安装	1）壁柜的制作与安装 2）厨房橱柜的制作与安装 3）吧台的制作与安装
		（2）室内标识的制作与安装	1）标识牌的制作与安装 2）指示灯箱的制作与安装
10. 建筑装饰施工图绘制	核心技能单元	（1）中小型单一空间装饰施工图绘制	1）会议室装饰施工图绘制 2）餐饮包间装饰施工图绘制
		（2）中型组合空间装饰施工图绘制	1）居室空间装饰施工图绘制 2）舞厅装饰施工图绘制
	选修技能单元	（3）中型空间装饰竣工图绘制	1）办公空间竣工图绘制 2）餐饮空间竣工图绘制
11. 建筑装饰工程造价与合同管理	核心技能单元	（1）建筑装饰工程工程量清单计量与计价	1）楼地面装饰工程计量与计价 2）墙柱面装饰工程计量与计价 3）顶棚装饰工程计量与计价 4）门窗工程计量与计价 5）其他装饰工程计量与计价 6）其他费用、措施项目费及单位工程费计算
		（2）建筑装饰装修工程施工图预算	建筑装饰装修工程施工图预算编制（非工程量清单招标工程）
		（3）建筑装饰工程招投标	1）建筑装饰工程招标 2）建筑装饰工程投标
	选修技能单元	（1）建筑装饰装修工程施工预算	建筑装饰装修工程施工预算编制
		（2）建筑装饰装修工程竣工结算	1）建筑装饰装修工程竣工结算（工程量清单招标工程） 2）建筑装饰装修工程竣工结算（非工程量清单招标工程）
		（3）建筑装饰工程合同签订与管理	1）施工合同条款的拟定 2）施工合同管理 3）编制索赔报告

技能领域	技能单元		技能点
12. 建筑装饰工程质量检验与检测	核心技能单元	装饰工程质量的检验与检测	1）楼地面装饰工程质量检验与检测 2）墙柱面装饰工程质量检验与检测 3）顶棚装饰工程质量检验与检测 4）其他装饰工程质量检验与检测
	选修技能单元	建筑装饰材料检验与检测	1）建筑装饰材料的检验 2）建筑装饰材料放射性检测 3）室内环境检测

2. 核心知识单元、技能单元教学要求（见表4～表50）

民用建筑的构造知识单元教学要求　　　　　　　　　　　表4

单元名称	民用建筑的构造知识	最低学时	22 学时
教学目标	\multicolumn{3}{l}{1. 熟悉建筑物的构造组成 2. 掌握建筑物各组成部分的组合原理和构造方法 3. 了解建筑物使用功能、艺术造型和建筑的构造方案选择}		
教学内容	知 识 点	\multicolumn{2}{l}{主要学习内容}	
	1. 墙体与基础构造	\multicolumn{2}{l}{墙和基础的类型、设计要求、构造原理、构造方法}	
	2. 楼地层构造	\multicolumn{2}{l}{楼地层的基本构造层次、设计要求；楼板的主要类型、设计要求、构造要点；阳台与雨篷的构造}	
	3. 楼梯构造	\multicolumn{2}{l}{楼梯的组成、形式、尺度；楼梯的分类及构造；楼梯的细部构造；室外台阶和坡道的构造}	
	4. 屋顶构造	\multicolumn{2}{l}{屋顶的形式及设计要求；屋顶排水；屋顶防水的类型及构造；屋顶的保温与隔热}	
	5. 门和窗构造	\multicolumn{2}{l}{门和窗的形式及尺度确定；木门构造；铝合金及彩板门窗构造；塑料门窗构造；建筑物遮阳设施}	
	6. 变形缝	\multicolumn{2}{l}{变形缝的概念及类型；伸缩缝的设置原则、设置部位及构造；沉降缝的设置原则、设置部位及构造；防震缝的设置原则、设置部位及构造}	
教学方法建议	\multicolumn{3}{l}{1. 结合建筑实体和建筑构造实验室组织教学，通过案例分析增加学生对建筑物各组成部分的感性认识 2. 每一个项目单元结束，学生要根据对周围的建筑物的观察和了解，撰写调查报告，分析实例的相应部分的构造组成 3. 在掌握基本原理的基础上，要求学生学会进行简单的构造方案设计，并进行评价}		
考核评价要求	\multicolumn{3}{l}{1. 成果形式：调查报告、项目构造设计方案 2. 评价方式：按五级记分制（优、良、中、及格、不及格） 3. 考核标准：调查报告的准确性、项目构造设计方案的合理性及制图的规范性、准确性及回答问题和相关建筑术语的正确性}		

民用建筑的结构类型知识单元教学要求 表 5

单元名称	民用建筑的结构类型知识	最低学时	16 学时

教学目标	1. 熟悉建筑结构的概念、设计方法，民用建筑常用的基本结构类型； 2. 掌握砖混结构体系的优缺点和适用范围；了解砖混结构的基本构件组成和墙体的布置原则； 3. 掌握框架结构的优缺点和适用范围；掌握框架结构的柱网布置原则，了解框架梁、柱截面尺寸的估算和一般构造要求； 4. 掌握剪力墙结构体系的类型、特点和适用范围；了解剪力墙结构的基本构造要求		

教学内容	知　识　点	主要学习内容
	1. 独立别墅的结构设计	砖混结构的基本概念，适用高度和层数；墙体材料、承重墙体和非承重隔墙的布置；圈梁、构造柱设置及连接构造；挑梁、简支梁、连续梁的设计与布置；现浇楼屋盖的设计与布置
	2. 小型办公楼的结构设计	框架结构的基本概念，抗震等级，适用高度和层数；框架柱、梁、板的材料强度要求、填充墙体的材料；框架柱、梁的截面尺寸估算，框架柱、梁的平面布置；框架柱、梁的节点构造
	3. 小高层住宅的结构设计	剪力墙结构的基本概念，抗震等级，适用高度和层数；剪力墙墙肢的形状、尺寸要求，剪力墙的布置；剪力墙的结构构造

教学方法建议	1. 现场教学。参观在建、已建的工程，了解结构的空间组成及结构特点，引导学生讨论、分析，教师现场讲解、启发，增强对结构的感性认识； 2. 案例教学。识读参观工程的建筑、结构施工图，讲解结构设计原则、设计要点、关键点，学生分组研讨、提问，老师引导、答疑； 3. 项目教学。布置结构设计项目课题，引导学生查询、收集相关的结构设计规范、规程，了解规范的要义，分组制订实施方案，确定人员任务分工，教师与学生交流，采取团队训练

考核评价要求	1. 成果形式：项目设计图纸； 2. 评价方式：按五级记分制（优、良、中、及格、不及格），学生自评、小组互评、教师评价或业主评价的方式，以过程考核为主； 3. 考核标准：结构布置的可行性，结构构造设计的准确性，设计图纸图面的美观，设计图纸的深度，能否全面反映教学所学内容

建筑装饰构造与施工知识单元教学要求 表 6

单元名称	建筑装饰装修构造与施工知识	最低学时	40 学时

教学目标	1. 掌握建筑装饰装修工程各分部分项工程的构造做法，并能绘制构造图； 2. 熟悉各类施工机具的使用方法及注意事项； 3. 掌握建筑装饰装修工程各分部分项工程的施工工艺流程及施工要点； 4. 了解施工质量和安全保障措施，掌握施工质量检查方法及检验内容，对一般缺陷的识别知识		

教学内容	知　识　点	主要学习内容
	1. 楼地面装饰构造与施工	楼地面装饰的构造；楼地面装饰的施工工艺流程和施工要点；质量检验内容和检查方法，常出现的质量缺陷
	2. 墙柱面装饰构造与施工	墙柱面装饰的构造；墙柱面装饰的施工工艺流程和施工要点；质量检验内容和检查方法，常出现的质量缺陷
	3. 顶棚装饰构造与施工	顶棚装饰的构造；顶棚装饰的施工工艺流程和施工要点；质量检验内容和检查方法，常出现的质量缺陷
	4. 隔墙与隔断装饰构造与施工	隔墙与隔断装饰的构造；隔墙与隔断装饰施工的工艺流程和施工要点；质量检验内容和检查方法，常出现的质量缺陷
	5. 门窗构造与施工	门窗的构造；门窗的施工工艺流程和施工要点；质量检验内容和检查方法，常出现的质量缺陷

单元名称	建筑装饰装修构造与施工知识	最低学时	40 学时
教学方法建议	1. 多媒体讲授。在教室结合案例讲授装饰装修构造与施工基础理论知识； 2. 现场教学。到项目现场、建筑装饰材料构造工艺展室现场教学，学生采集信息、参观样板、识读图纸、现场勘测，教师问题导向、启发学习； 3. 项目训练。在建筑装饰材料构造工艺展室学生分组设计，分组绘制施工图，教师与学生交流，团队训练		
考核评价要求	1. 成果形式：试卷；项目训练、构造图； 2. 评价方式：试卷笔试考核为主，过程考核为辅； 3. 考核标准：试题参考答案；材料选择的正确性，构造的合理性		

建筑制图的基础知识单元教学要求 表 7

单元名称	建筑制图的基础知识	最低学时	12 学时
教学目标	1. 熟悉国家现行建筑制图标准； 2. 掌握房屋建筑图的分类、作用、编排，图纸规格、基本内容； 3. 掌握点、线、面、体投影知识； 4. 掌握房屋建筑施工图的绘制方法和识读方法		

	知　识　点	主要学习内容
教学内容	1. 房屋建筑图的分类、作用、编排	通过案例了解房屋建筑图的类型；分析建筑图的作用；基本编排规律
	2. 图纸基本知识	通过案例了解图纸的种类、内容、绘图要求
	3. 国家现行建筑制图标准	学习国家装饰装修制图标准；重点部分临摹训练，掌握制图要点
	4. 房屋建筑图的图示原理	学习点、线、面、体投影知识；绘制简单构件形体的三面投影；根据简单构件的三面投影图绘制其空间形体；识读房屋建筑图

教学方法建议	1. 在项目现场学习房屋建筑图的基本知识，教师启发，采取问题导向学习； 2. 案例分析，参阅图纸，参阅相关国家标准，教师启发，采取案例教学； 3. 在多媒体教室学习房屋建筑图的图示原理，做相应练习，教师与学生交流，教师指导
考核评价要求	1. 成果形式：制图标准的简单练习作业；图示原理练习作业； 2. 评价方式：按五级记分制（优、良、中、及格、不及格），学生自评、互评、教师评价的方式； 3. 考核标准：能掌握房屋建筑图的分类、作用和编排；能基本理解制图标准，能掌握图示原理；绘制简单构件形体的三面投影；根据简单构件的三面投影图绘制其空间形体

建筑装饰施工图识读与绘制知识单元教学要求 表 8

单元名称	建筑装饰施工图识读与绘制	最低学时	16 学时
教学目标	1. 了解建筑装饰施工图的形成、种类、作用； 2. 熟悉装饰施工图与建筑施工图的关系； 3. 掌握建筑装饰设计方案图和装饰施工图的内容、相关要求； 4. 掌握正确识读装饰施工图的方法； 5. 掌握绘制建筑装饰设计方案图和装饰施工图的方法		

单元名称	建筑装饰施工图识读与绘制		最低学时	16学时
教学内容	知　识　点		主要学习内容	
	1. 建筑装饰装修施工图的内容		了解建筑装饰施工图的形成和作用；分析建筑装饰施工图的种类和特点；分析与建筑施工图的关系；案例分析建筑装饰施工图的图纸内容；案例分析建筑装饰施工图图纸内容的编排	
	2. 识读建筑装饰装修平面图、顶棚图、立面图、节点详图		建筑装饰装修平面图、顶棚图、立面图、节点详图的识读方法；识读装饰装修平面图、顶棚图、立面图、节点详图	
	3. 建筑装饰装修施工图绘制		制图工具、仪器的使用方法；装饰施工图绘制方法；制图示范；抄绘装饰施工图；图纸审核	
教学方法建议	1. 多媒体讲授。学习建筑装饰装修施工图的基本知识； 2. 案例教学。参阅图纸，案例分析；了解图纸形成和内容；教师启发，采取问题导向学习； 3. 现场教学。在项目现场对照建筑装饰施工图学习装饰施工图识读方法；识读装饰施工图，做相应练习，教师与学生交流； 4. 项目训练。教师示范，学习制图的工具仪器的使用方法，识读并抄绘建筑装饰施工图，教师与学生交流，教师指导			
考核评价要求	1. 成果形式：装饰施工图识读与绘制； 2. 评价方式：按五级记分制（优、良、中、及格、不及格），学生自评、互评、教师评价的方式； 3. 考核标准：能理解装饰施工图的图线、比例、符号和图例含义及应用；能掌握总平面图、平面图、立面图、剖面图、装饰施工图详图的形成和内容；能正确识读建筑装饰施工图；能正确使用制图的工具仪器；能按照制图一般顺序抄绘图纸，制图符合标准			

建筑装饰设计基础知识单元教学要求　　　　　　　　　　　　　　　　表9

单元名称	建筑装饰设计基础知识		最低学时	16学时
教学目标	1. 了解建筑装饰设计内容和发展概要； 2. 熟悉建筑装饰设计概念、目的和任务； 3. 掌握建筑装饰设计风格与流派； 4. 掌握建筑装饰设计的原则、设计方法与设计程序； 5. 理解建筑装饰设计的依据、美学法则； 6. 掌握人体工程学在建筑装饰中的运用			
教学内容	知　识　点		主要学习内容	
	1. 建筑装饰设计概论		建筑装饰设计内容和发展概要；建筑装饰设计概念、目的和任务	
	2. 建筑装饰设计风格与流派		建筑装饰设计风格与流派；剖析案例；临摹各风格和流派代表作品	
	3. 建筑装饰设计的方法与设计程序		建筑装饰设计的原则；设计方法；建筑装饰设计程序	
	4. 人体工程学		人体工程学的基本知识；人体工程学在建筑装饰中的运用；人体尺度体验	
教学方法建议	1. 现场教学。在项目现场学习建筑装饰设计的基本知识，问题导向、教师启发； 2. 案例教学。案例分析；理论知识融入案例分析中； 3. 项目训练。在项目现场训练人体尺度对建筑装饰设计的影响，做相应练习，教师与学生交流			
考核评价要求	1. 成果形式：风格与流派临摹作业、人体尺度练习作业； 2. 评价方式：按五级记分制（优、良、中、及格、不及格），学生自评、互评、教师评价的方式，以过程考核为主； 3. 考核标准：能掌握建筑装饰设计内容和发展概要；理解建筑装饰设计概念、目的和任务；能认识各种建筑装饰设计风格和流派；掌握建筑装饰设计的方法与设计程序；能根据人体尺度做简单的尺度设计			

建筑室内设计的内容知识单元教学要求　　　　　　　表 10

单元名称	建筑室内设计的内容	最低学时	20 学时
教学目标	1. 了解室内空间、界面的概念、室内空间的组成； 2. 了解地面、顶棚、墙柱、门窗的设计特点； 3. 熟悉室内空间的色彩、绿化、家具、陈设、照明及室内界面设计知识； 4. 掌握室内色彩、绿化、家具、陈设、照明及室内界面设计的原则与方法		
教学内容	知 识 点	主要学习内容	
	1. 室内空间组织与设计	室内空间组织与设计基础知识；调研相关信息资料；绘制室内空间组织和设计草图；绘制平面布置图和轴测图	
	2. 室内界面设计	室内界面设计要点和方法；调研室内界面相关材料与构造信息资料；现场测量室内界面；绘制界面装饰设计图	
	3. 室内光环境设计	室内光环境设计内容和方法；调研相关信息资料；现场测量；绘制空间光环境设计草图；做光环境效果实验；绘制光环境方案图和效果图	
	4. 室内色彩设计	室内色彩设计要点和方法；调研相关信息资料；现场测量；绘制室内色彩设计草图；绘制室内色彩效果图	
	5. 家具陈设与绿化庭院设计	家具陈设与绿化庭院设计基础知识；调研相关信息资料；现场测量；绘制室内家具陈设与绿化庭院设计草图；绘制方案图和效果图	
教学方法建议	1. 多媒体讲授。在多媒体教室结合案例讲授相关知识； 2. 现场教学。在建筑装饰施工技术实训室或项目现场采集信息、参观样板、现场勘测、功能分析、分组讨论，教师启发，采取问题导向学习； 3. 项目训练。在设计实训室设计，查阅资料、方案分析，教师启发；绘制设计草图，室内效果图，教师启发辅导		
考核评价要求	1. 成果形式：室内设计方案图和效果图； 2. 评价方式：按五级记分制（优、良、中、及格、不及格），学生自评、互评、教师评价的方式； 3. 考核标准：设计方案的创新性和风格、尺度的把握，方案图和效果图的表现能力和表现效果；方案的可实施性		

建筑室内装饰设计知识单元教学要求　　　　　　　表 11

单元名称	建筑室内装饰设计	最低学时	10 学时
教学目标	1. 了解居住建筑室内装饰和公共建筑室内装饰的类型； 2. 熟悉不同类型空间室内色彩、绿化、家具、陈设、照明及界面设计及各要素间的制约和影响； 3. 掌握居住建筑和公共建筑室内装饰设计原则与方法		
教学内容	知 识 点	主要学习内容	
	1. 居室空间装饰设计	居室空间装饰设计相关知识，了解空间性质和功能要求，调研相关信息资料，居室现场测量，绘制居室设计草图，绘制居室方案图和效果图	
	2. 公共空间装饰设计	公共空间装饰设计相关知识，了解空间性质和功能要求，调研相关信息资料，现场测量，绘制设计草图，绘制方案图和效果图	

单元名称	建筑室内装饰设计	最低学时	10 学时
教学方法建议	1. 案例教学。结合案例讲授相关知识; 2. 现场教学。在建筑装饰施工技术实训室或项目现场采集信息、参观样板、现场勘测、功能分析、分组讨论、教师启发,采取问题导向学习; 3. 项目教学。在设计实训室设计,查阅资料、方案分析,教师启发;绘制设计草图,绘制方案图和效果图,教师启发辅导		
考核评价要求	1. 成果形式:设计方案图和效果图; 2. 评价方式:按五级记分制(优、良、中、及格、不及格),学生自评、互评、教师评价的方式; 3. 考核标准:设计方案的创新性和风格、尺度的把握,方案图和效果图的表现能力和表现效果;方案的可实施性		

常用装饰材料的基本知识单元教学要求　　　　　表 12

单元名称	常用装饰材料的基本知识	最低学时	12 学时
教学目标	1. 熟悉常用建筑装饰材料的分类; 2. 了解常用建筑装饰材料的表面特征和使用效果; 3. 掌握建筑装饰材料的性能、特点、规格尺寸		

教学内容	知识点	主要学习内容
	1. 装饰块材	装饰块材的性能、特点、规格尺寸;材料的表面特征和使用效果;材料的使用范围及注意事项
	2. 装饰板材	装饰板材的性能、特点、规格尺寸;材料的表面特征和使用效果;材料的使用范围及注意事项
	3. 涂裱类材料	涂裱类材料的性能、特点、规格尺寸;材料的表面特征和使用效果;材料的使用范围及注意事项
	4. 金属材料	金属材料的性能、特点、规格尺寸;材料的表面特征和使用效果;材料的使用范围及注意事项
	5. 胶凝材料	胶凝材料的种类、性能、特点;材料的使用范围及注意事项
	6. 装饰五金	装饰五金的种类、特点、规格尺寸;材料的表面特征和使用效果;材料的使用范围及注意事项

教学方法建议	1. 多媒体讲授。在教室讲授基础理论知识; 2. 现场教学。到项目现场、建筑装饰材料构造工艺展室采集信息、参观样板、识读图纸、功能分析、分组讨论、教师启发,问题导向学习; 3. 项目训练。在建筑装饰材料构造工艺展室分组现场勘测、分析讨论、撰写报告、教师启发
考核评价要求	1. 成果形式:试卷;材料使用分析报告; 2. 评价方式:试卷笔试考核为主,过程考核为辅; 3. 考核标准:试题参考答案;材料的准确性

常用装饰材料的应用知识单元教学要求 表 13

单元名称	常用装饰材料的应用知识	最低学时	8 学时
教学目标	1. 了解建筑装饰材料的结构和性质； 2. 熟悉建筑装饰材料的性能、特点及装饰材料应用相关知识； 3. 掌握建筑装饰材料的应用设计的要点		
教学内容	知 识 点	主要学习内容	
	常用装饰材料的应用	根据材料特性选择装饰材料；根据空间环境选择应用材料；材料的应用与环境氛围的营造	
教学方法建议	1. 多媒体讲授。在教室讲授基础理论知识； 2. 现场教学。到项目现场、建筑装饰材料构造工艺展室采集信息、参观样板、识读图纸、功能分析、分组讨论、教师启发，问题导向学习； 3. 项目训练。在建筑装饰材料构造工艺展室分组设计，绘制图纸、查阅资料、方案分析、选择材料、教师与学生交流，教师启发		
考核评价要求	1. 成果形式：试卷：材料构造图、施工工艺； 2. 评价方式：试卷笔试考核为主，过程考核为辅； 3. 考核标准：试题参考答案；材料的准确性，构造的合理性，施工工艺的可行性		

建筑装饰工程工程量清单计量与计价知识单元教学要求 表 14

单元名称	建筑装饰工程工程量清单计量与计价知识	最低学时	50 学时
教学目标	1. 熟悉计量与计价的基础知识和相关的法规； 2. 掌握装饰装修工程工程量清单计算的方法； 3. 掌握装饰装修工程工程量清单综合单价计算方法； 4. 掌握措施项目的内容和计价方法		
教学内容	知 识 点	主要学习内容	
	1. 楼地面工程计量与计价	识读图纸，了解楼地面装饰装修的材料及构造，熟悉相关规范；提出图纸中的问题，对图纸进行答疑；学习楼地面工程工程量清单计算规则及综合单价的计算方法	
	2. 墙柱面工程计量与计价	识读图纸，了解墙柱面装饰装修的材料及构造，熟悉相关规范；提出图纸中的问题，对图纸进行答疑；学习墙柱面装饰装修工程工程量清单计算规则及综合单价的计算方法	
	3. 顶棚工程计量与计价	识读图纸，了解顶棚装饰装修的材料及构造，熟悉相关规范；提出图纸中的问题，对图纸进行答疑；学习顶棚装饰装修工程工程量清单计算规则及综合单价的计算方法	
	4. 门窗工程计量与计价	识读图纸，了解门窗工程的材料及构造，熟悉相关规范；提出图纸中的问题，对图纸进行答疑；学习门窗工程工程量清单计算规则及综合单价的计算方法	
	5. 其他工程计量与计价	识读图纸，了解其他装饰装修工程的材料及构造，熟悉相关规范；提出图纸中的问题，对图纸进行答疑；学习其他装饰装修工程工程量清单计算规则及综合单价的计算方法	
	6. 其他费用、措施项目费及单位工程费计算	了解其他费用、措施项目费的内容；了解措施项目费和单位工程费的计算方法	
教学方法建议	1. 老师提供完整的装饰装修施工图纸（相对简单一点）； 2. 学生通过识读图纸，了解构造，提出问题，老师对图纸进行答疑； 3. 老师通过案例讲解计算规则和综合单价的计算方法、讲解其他费用、措施项目费及费用的组成； 4. 学生进行材料场调研，了解材料规格和价格； 5. 学生和老师一起共同完成项目工程量清单编制及报价		
考核评价要求	1. 成果形式：项目实训成果、汇报 PPT； 2. 评价方式：按五级记分制（优、良、中、及格、不及格），教师评价，以过程考核为主； 3. 考核标准：知识点的掌握；计算正确，填写规范；项目成果的质量；团队协作精神		

16

单元名称	建筑装饰工程预决算的知识	最低学时	14 学时
教学目标	1. 熟悉建筑装饰工程预决算的知识； 2. 掌握施工图预算的编制依据、编制方法和作用； 3. 掌握施工预算的编制依据、编制方法和作用； 4. 掌握竣工结算的编制依据、编制方法和作用		
教学内容	知　识　点	主要学习内容	
	1. 施工图预算编制（非工程量清单招标工程）	识读图纸，了解材料、构造；查看现场，熟悉相关规范；进行图纸会审，进行图纸答疑；了解施工图预算的相关知识；编制施工图预算	
	2. 施工预算编制	识读图纸，了解材料、构造；查看现场，熟悉相关规范；进行图纸会审，进行图纸答疑；了解施工预算的相关知识；编制建筑装饰装修工程施工预算	
	3. 工程竣工结算	识读竣工图纸，了解材料、构造；查看现场，查看施工技术资料，了解合同内容，熟悉相关规范；进行图纸会审，进行图纸答疑；了解建筑装饰装修工程竣工结算的相关知识；编制建筑装饰装修工程竣工结算	
教学方法建议	1. 老师提供完整的装饰装修施工图纸（结算还需施工技术资料）； 2. 学生通过识读图纸，了解构造，提出问题，老师对图纸进行答疑； 3. 老师结合案例讲解相关知识； 4. 学生进行材料市场调研，了解材料规格和价格； 5. 学生完成项目的施工图预决算		
考核评价要求	1. 成果形式：项目实训成果、汇报 PPT； 2. 评价方式：按五级记分制（优、良、中、及格、不及格），教师评价，以过程考核为主； 3. 考核标准：知识点的掌握；计算正确，填写规范；项目成果的质量；质量检验的规范性和正确性；团队协作精神		

单元名称	建筑装饰工程招投标知识	最低学时	10 学时
教学目标	1. 熟悉建设工程招投标的基本知识； 2. 了解建设工程交易中心的基本功能，了解工程发包与承包以招投标的方式在交易中心完成的过程，熟悉建设工程招标投标的程序和基本工作； 3. 了解招投标文件的内容，掌握工程投标报价技巧及索赔理论与方法； 4. 了解工程招标公告、资格文件预审、招标公告发布的内容； 5. 掌握开标、评标、定标，发布中标的知识； 6. 掌握投标报价编制的方法，掌握投标文件的内容		
教学内容	知　识　点	主要学习内容	
	1. 编制招标公告	招标公告内容	
	2. 编制招标文件	招标文件内容	
	3. 策划工程开标	开标方式及要求	
	4. 组织评标定标	开标、评标，定标的办法	
	5. 编制投标价	投标报价的方法与技巧	
	6. 编制投标文件	投标文件的内容	

续表

单元名称	建筑装饰工程招投标知识	最低学时	10 学时
教学方法建议	1. 采用多媒体课件教学，通过结合案例讲解相关知识； 2. 学生编制文件，提出问题，老师进行答疑； 3. 针对具体内容，进行模拟评标的过程组织，教师启发，采取项目教学； 4. 分组编制招投标文件，教师与学生交流，采取团队训练教学		
考核评价要求	1. 成果形式：项目成果、汇报 PPT； 2. 评价方式：按五级记分制（优、良、中、及格、不及格），教师评价，以过程考核为主； 3. 考核标准：知识点的掌握；项目成果的质量；招投标文件的规范性和正确性；团队协作精神		

装饰工程主要分项工程施工程序、工艺与方法的知识单元教学要求　　表 17

单元名称	装饰工程主要分项工程施工程序、工艺与方法的知识	最低学时	60 学时
教学目标	1. 了解各类施工机具的正确使用方法及注意事项； 2. 熟悉装饰工程各分部分项工程技术规范； 3. 掌握装饰工程各分部分项工程施工程序、工艺与方法的知识； 4. 掌握施工图识图方法、图纸深化设计内容及要点、施工方案编制的内容； 5. 掌握施工质量和安全相关知识、施工质量检查及验收的知识		

教学内容	知 识 点	主要学习内容
	1. 顶棚装饰施工	顶棚装饰的施工工艺流程和要点；顶棚装饰的施工机具；质量检查和验收；对一般缺陷识别和解决方法
	2. 墙、柱面装饰施工	墙、柱面的施工工艺流程和要点；墙、柱面的施工机具；质量检查和验收；对一般缺陷识别和解决方法
	3. 楼地面装饰施工	楼地面的施工工艺流程和要点；楼地面的施工机具；质量检查和验收；对一般缺陷识别和解决方法
	4. 楼梯及扶栏装饰施工	楼梯及扶栏的施工工艺流程和要点；楼梯及扶栏的施工机具；质量检查和验收；对一般缺陷识别和解决方法
	5. 室内陈设制作与安装	室内家具与陈设的设计、选型与布置的基本原则和方法；制作与安装的机具；家具与陈设的质量标准、质量检查和项目验收

| 教学方法建议 | 1. 多媒体讲授。在教室讲授基础理论知识；
2. 现场教学。到建筑装饰施工技术实训室或项目现场采集信息、参观样板、现场勘测、功能分析、分组讨论、教师启发，问题导向学习；
3. 项目训练。在建筑装饰施工技术实训室或项目现场分组制订实施方案、确定任务分工、角色扮演，完成质量检验与成品验收，总结缺陷原因，分析防治方法，采取团队训练、教师检查 | | |
| 考核评价要求 | 1. 成果形式：项目设计方案、施工图、汇报 PPT；
2. 评价方式：按五级记分制（优、良、中、及格、不及格），学生自评、小组互评、教师评价或业主评价的方式，以过程考核为主；
3. 考核标准：图纸深化设计正确性、施工方案编制的可操作性、检查验收的规范性和正确性 | | |

建筑装饰工程分部分项工程检验批的划分及验收程序的知识单元教学要求　　　　表 18

单元名称	建筑装饰工程分部分项工程检验批的划分及验收程序的知识	最低学时	6 学时
教学目标	1. 熟悉建筑装饰装修工程验收规范； 2. 掌握建筑装饰装修工程分部、分项工程、检验批划分的基本原则和方法； 3. 掌握检验与检测方案的制订与组织验收知识； 4. 掌握检验工具的使用方法		
教学内容	知　识　点	主要学习内容	
	1. 建筑装饰装修工程子分部划分	建筑装饰装修工程子分部划分内容	
	2. 分项工程划分	各分部分项工程划分方法与内容	
	3. 检验批划分及验收	检验批划分方法，验收的内容和方法	
教学方法建议	1. 课堂讲授。在多媒体教室结合案例讲授相关知识； 2. 在建筑装饰工程质量检验与检测实训室熟悉检测工具和检测仪器		
考核评价要求	1. 成果形式：子分部工程、分项工程、检验批验收记录表； 2. 评价方式：按五级记分制（优、良、中、及格、不及格），学生自评、小组互评、教师评价的方式，以过程考核为主； 3. 考核标准：能够掌握检测工具和检测仪器设备，熟练规范要求		

装饰工程质量的检验与检测知识单元教学要求　　　　表 19

单元名称	装饰工程质量的检验与检测知识	最低学时	14 学时
教学目标	1. 掌握墙柱面、顶棚、楼地面及其他分部分项工程质量检验标准和检验方法； 2. 掌握建筑装饰材料的检验与检测知识		
教学内容	知　识　点	主要学习内容	
	1. 楼地面装饰装修工程质量检验与检测	楼地面材料的检验与检测，楼地面的施工工序质量检查与验收，楼地面的质量验收标准，楼地面检验批划分、分项工程的质量检查与验收	
	2. 墙柱面装饰装修工程质量检验与检测	墙柱面材料的检验与检测，墙柱面的施工工序质量检查与验收，墙柱面的质量验收标准，墙柱面检验批划分、分项工程的质量检查与验收	
	3. 顶棚装饰装修工程质量检验与检测	顶棚材料的检验与检测，顶棚的施工工序质量检查与验收，顶棚的质量验收标准，顶棚检验批划分、分项工程的质量检查与验收	
	4. 其他装饰装修工程质量检验与检测	室内其他装饰工程材料的检验与检测，室内其他装饰工程的施工工序质量检查与验收，室内其他装饰工程的质量验收标准，室内其他装饰工程检验批划分、分项工程的质量检查与验收	
教学方法建议	1. 课堂讲授。在多媒体教室结合案例讲授相关知识； 2. 现场教学。在建筑装饰施工技术实训室或项目现场进行采集信息、对样板进行验收训练、现场勘测、分组讨论、教师启发，采取问题导向学习； 3. 项目实训。在建筑装饰施工技术实训室、建筑装饰工程质量检验与检测实训室或项目现场分组编制验收方案、方案分析、分组实施，角色扮演，完成装饰工程质量检查与验收，填写验收记录，教师检查		
考核评价要求	1. 成果形式：质量验收方案、检验批验收记录； 2. 评价方式：按五级记分制（优、良、中、及格、不及格），学生自评、小组互评、教师评价或业主评价的方式，以过程考核为主； 3. 考核标准：质量验收方案的可行性，实施过程的正确性，检查验收的规范性		

建设工程信息管理的知识单元教学要求 表 20

单元名称	建设工程信息管理的知识	最低学时	18 学时
教学目标	1. 熟悉数据、信息的基本概念，信息的特点； 2. 掌握建设工程信息的构成和分类； 3. 掌握建设工程信息管理的基本任务和信息分类编码的基本原则； 4. 掌握建设工程信息管理流程； 5. 了解建设工程信息管理系统的功能及应用		

教学内容	知 识 点	主要学习内容
	1. 信息与系统	数据信息的基本概念；系统与信息系统集成化；信息技术对建设工程影响，建设工程项目中信息系统的作用
	2. 建设工程信息管理流程	建设工程信息管理基本环节，建设工程项目信息的加工、整理、分类、检索与存储
	3. 建设工程信息管理系统	建设工程信息管理系统含义、应用和实施

教学方法建议	多媒体讲授。在建筑装饰工程信息管理实训室采取案例教学和问题导向学习

考核评价要求	1. 成果形式：试卷； 2. 评价方式：按五级记分制（优、良、中、及格、不及格），教师评价； 3. 考核标准：理论知识掌握较好，上课积极，试卷考核

建设工程文件档案的资料管理知识单元教学要求 表 21

单元名称	建设工程文件档案的资料管理	最低学时	18 学时
教学目标	1. 熟悉建筑工程文件档案资料管理的概念及方法； 2. 熟悉建筑工程档案资料的分类； 3. 掌握建筑工程档案资料编制质量要求与组卷的方法； 4. 掌握建筑工程档案资料的验收、移交基本程序； 5. 了解相关规范对建筑工程档案资料的要求； 6. 掌握建筑工程造价信息管理		

教学内容	知 识 点	主要学习内容
	1. 建筑工程监理文件档案资料管理	建筑工程监理文件档案管理的方法和分类；监理文件报表体系及各报表填写方法及要求；监理文件报表归档要求；了解相关规范对监理工程档案资料的要求
	2. 建筑工程施工文件档案资料管理	建筑工程施工文件档案管理的方法和分类；施工文件报表体系及各报表填写方法及要求；施工文件报表归档要求；了解相关规范对施工工程档案资料的要求
	3. 建筑工程造价信息管理	建筑工程造价信息分类与积累；定额管理系统；价格管理系统；造价计算系统；造价控制系统；建筑工程造价的计算机应用

教学方法建议	1. 案例教学。在建筑装饰工程信息管理实训室结合一个实际工程的技术资料讲解相关内容，提出问题，学生带着问题听课，解决问题； 2. 项目训练。在工作室模拟完成施工技术资料填写与整理

考核评价要求	1. 成果形式：施工技术资料； 2. 评价方式：按五级记分制（优、良、中、及格、不及格），教师评价； 3. 考核标准：理论知识掌握，上课态度，施工技术资料填写规范、正确、齐全

单元名称	木作装饰技能	最低学时	15 学时
教学目标	专业能力： 1. 能够掌握木材的性能、特点、规格尺寸； 2. 能够识读木制品加工图，会放样下料； 3. 能够使用基本木工工具与机具； 4. 能够完成小型木制品构件加工； 方法能力： 1. 具有最基本的收集资料和对木制品问题进行处理的能力； 2. 发现问题、独立自主的分析问题和解决问题的能力 社会能力： 1. 具备最基本的职业素养和敬业精神、自主学习的能力； 2. 培养学生的团队协作能力、交流协调的能力； 3. 培养"吃苦耐劳、团结协作、严谨规范、精心施工"的职业素养		
教学内容	技能点	主要训练内容	
	一般木制品加工	木料的选择；木工工具及机具的使用；木料放样下料；木料的刨光；榫卯件加工；设计加工小型木制品构件	
教学方法建议	1. 示范教学。通过示范，讲解工具使用及加工制作要点； 2. 在装饰装修操作技能实训室或项目现场熟悉工具，练习机具使用，由教师和技师进行指导； 3. 项目实训。在装饰装修操作技能实训室分组操作，识读图纸、查阅资料、细部构造设计与放样，分组制订实施方案，确定任务分工，组织实施，教师与学生交流，教师监督与指导		
教学场所要求	校内完成。 1. 教学场景：建筑装饰材料构造工艺展示室、装饰装修操作技能实训室、项目现场； 2. 工具设备：多媒体设备、绘图工具、施工工具、检验工具等； 3. 教师配备：专业教师 1 人、工人技师 1 人		
考核评价要求	1. 成果形式：技术资料、项目实训成果、汇报 PPT； 2. 评价方式：按五级记分制（优、良、中、及格、不及格），学生自评、小组互评、汇报及答辩、教师评价或技师评价的方式，以过程考核为主； 3. 考核标准：技术资料完整，填写规范；操作过程规范性；项目成果的质量；质量检验的规范性和正确性；团队协作精神；技能点的掌握		

单元名称	金属装饰制作安装技能	最低学时	15 学时
教学目标	专业能力： 1. 能够熟悉金属材料的特点及金属材料相关的知识； 2. 能够正确使用常用设备和机具； 3. 能够根据项目要求完成项目的方案设计、构造设计、施工图绘制； 4. 能够完成小型金属构件加工与安装； 5. 能够依据质量标准完成质量检查和项目验收 方法能力： 1. 具有最基本的收集资料和对金属制品问题进行处理的能力； 2. 发现问题、独立自主的分析问题和解决问题的能力 社会能力： 1. 具备最基本的职业素养和敬业精神、自主学习的能力； 2. 培养学生的团队协作能力、交流协调的能力； 3. 培养"吃苦耐劳、团结协作、严谨规范、精心施工"的职业素养		

单元名称	金属装饰制作安装技能		最低学时	15 学时
教学内容	技能点	主要训练内容		
	金属材料的切割与连接	各类金属型材、板材的切割与连接		
	金属制品的加工与制作	小型金属制品的设计;小型金属制品的制作;成品质量检测及修整		
教学方法建议	1. 示范教学。通过示范,讲解工具使用及加工制作要点; 2. 在装饰装修操作技能实训室或项目现场熟悉工具,练习机具使用,由教师和技师进行指导; 3. 项目实训。在装饰装修操作技能实训室分组操作,识读图纸、查阅资料、细部构造设计与放样,分组制订实施方案,确定任务分工,组织实施,教师与学生交流,教师监督与指导			
教学场所要求	校内完成。 1. 教学场景:建筑装饰材料构造工艺展示室、装饰装修操作技能实训室、项目现场; 2. 工具设备:多媒体设备、绘图工具、施工工具、检验工具等; 3. 教师配备:专业教师 1 人、工人技师 1 人			
考核评价要求	1. 成果形式:技术资料、项目实训成果、汇报 PPT; 2. 评价方式:按五级记分制(优、良、中、及格、不及格),学生自评、小组互评、汇报及答辩、教师评价或技师评价的方式,以过程考核为主; 3. 考核标准:技术资料完整,填写规范;操作过程规范性;项目成果的质量;质量检验的规范性和正确性;团队协作精神;技能点的掌握			

装饰涂裱技能单元教学要求 表 24

单元名称	装饰涂裱技能		最低学时	15 学时
教学目标	专业能力: 1. 能够了解和使用涂刷、裱糊类工具; 2. 能够掌握材料的特点及种类; 3. 能够掌握溶剂型材料涂刷施工方法; 4. 能够掌握乳液型材料涂刷施工方法; 5. 能够掌握壁纸裱糊施工方法 方法能力: 1. 具备最基本的收集资料和对涂裱工程问题进行处理的能力; 2. 发现问题、独立自主的分析问题和解决问题的能力 社会能力: 1. 具备最基本的职业素养和敬业精神、自主学习的能力; 2. 培养学生的团队协作能力、交流协调的能力; 3. 培养"吃苦耐劳、团结协作、严谨规范、精心施工"的职业素养			
教学内容	技能点	主要训练内容		
	溶剂型材料涂刷	了解材料、构造;查看现场,熟悉相关规范;掌握材料、机具使用方法,按照图纸完成施工;进行质量检验、分析质量缺陷原因		
	乳液型材料涂刷	了解材料、构造;查看现场,熟悉相关规范;掌握材料、机具使用方法,按照图纸完成施工;进行质量检验、分析质量缺陷原因		
	壁纸裱糊	了解材料、构造;查看现场,熟悉相关规范;掌握材料、机具使用方法,按照图纸完成施工;进行质量检验、分析质量缺陷原因		

单元名称	装饰涂裱技能	最低学时	15 学时
教学方法建议	1. 示范教学。通过示范，讲解工具使用、操作方法及要点； 2. 在装饰装修操作技能实训室或项目现场熟悉工具，练习机具使用，由教师和技师进行指导； 3. 项目实训。在装饰装修操作技能实训室分组操作，识读图纸、查阅资料、制订实施方案、确定任务分工、组织实施，教师与学生交流，教师监督与指导		
教学场所要求	校内完成。 1. 教学场景：建筑装饰材料构造工艺展示室、装饰装修操作技能实训室、项目现场； 2. 工具设备：多媒体设备、施工工具、检验工具等； 3. 教师配备：专业教师1人、工人技师1人		
考核评价要求	1. 成果形式：技术资料、项目实训成果、汇报PPT； 2. 评价方式：按五级记分制（优、良、中、及格、不及格），学生自评、小组互评、汇报及答辩、教师评价或技师评价的方式，以过程考核为主； 3. 考核标准：技术资料完整，填写规范；操作过程规范性；项目成果的质量；质量检验的规范性和正确性；团队协作精神；技能点的掌握		

装饰镶贴技能单元教学要求　　　　　　　　　　表 25

单元名称	装饰镶贴技能	最低学时	15 学时
教学目标	专业能力： 1. 能够了解和使用镶贴工具和机具； 2. 能够掌握材料的特点及种类； 3. 能够掌握墙面镶贴施工方法； 4. 能够掌握地面镶贴施工方法 方法能力： 1. 具有最基本的收集资料和对镶贴工程问题进行处理的能力； 2. 发现问题、独立自主的分析问题和解决问题的能力 社会能力： 1. 具备最基本的职业素养和敬业精神、自主学习的能力； 2. 培养学生的团队协作能力、交流协调的能力； 3. 培养"吃苦耐劳、团结协作、严谨规范、精心施工"的职业素养		

教学内容	技能点	主要训练内容
	墙面瓷砖与石材镶贴	了解材料、构造；查看现场，熟悉相关规范；掌握材料、机具使用方法，按照图纸完成施工；进行质量检验、分析质量缺陷原因
	地面瓷砖与石材镶贴	了解材料、构造；查看现场，熟悉相关规范；掌握材料、机具使用方法，按照图纸完成施工；进行质量检验、分析质量缺陷原因

教学方法建议	1. 示范教学。通过示范，讲解工具使用、操作方法及要点； 2. 在装饰装修操作技能实训室或项目现场熟悉工具，练习机具使用，由教师和技师进行指导； 3. 项目实训。在装饰装修操作技能实训室分组操作，识读图纸、查阅资料、制订实施方案、确定任务分工、组织实施，教师与学生交流，教师监督与指导

单元名称	装饰镶贴技能	最低学时	15 学时
教学场所要求	校内完成。 1. 教学场景：建筑装饰材料构造工艺展示室、装饰装修操作技能实训室、项目现场； 2. 工具设备：多媒体设备、施工工具、检验工具等； 3. 教师配备：专业教师 1 人、工人技师 1 人		
考核评价要求	1. 成果形式：技术资料、项目实训成果、汇报 PPT； 2. 评价方式：按五级记分制（优、良、中、及格、不及格），学生自评、小组互评、汇报及答辩、教师评价或技师评价的方式，以过程考核为主； 3. 考核标准：技术资料完整，填写规范；操作过程规范性；项目成果的质量；质量检验的规范性和正确性；团队协作精神；技能点的掌握		

给水排水系统安装施工技能单元教学要求　　　　　　表 26

单元名称	给水排水系统安装施工	最低学时	10 学时
教学目标	专业能力： 1. 能够掌握室内给水排水材料品种、规格及特点； 2. 能够识读室内给水排水施工图纸； 3. 能够掌握室内给水排水安装的施工工艺流程及要点； 4. 能够进行室内给水排水安装方案设计； 5. 能够正确使用常用工具和机具； 6. 能够组织室内给水排水安装施工； 7. 能够对室内给水排水安装工程进行质量验收并提出整改方案 方法能力： 1. 具有最基本的收集资料和对室内给排水工程问题进行处理的能力，发现问题、独立自主的分析问题和解决问题的能力； 2. 具有工程技术规范应用的能力； 3. 具有施工方案设计和施工实现的能力； 4. 具有工程验收和整改的能力； 5. 具有技术资料整理能力； 6. 具有项目总结和对数据进行处理的能力 社会能力： 1. 具备一定的设计创新能力，能自主学习、独立分析问题和解决问题的能力； 2. 具有较强的与客户交流沟通的能力、良好的语言表达能力； 3. 具有严谨的工作态度和团队协作、吃苦耐劳的精神，爱岗敬业、遵纪守法，自觉遵守职业道德和行业规范		

	技能点	主要训练内容
教学内容	PVC 管材安装施工	现场条件及空间分析、材料选择（PVC 管材的类型、型号、连接方式、安装内容）、识读图纸、制订施工方案，组织施工，按照图纸完成施工内容；进行质量检验、分析质量缺陷原因并提出改进措施等
	PPR 管材安装施工	现场条件及空间分析、材料选择（PPR 管材的类型、型号、连接方式、安装内容）、识读图纸、制订施工方案，组织施工，按照图纸完成施工内容；进行质量检验、分析质量缺陷原因并提出改进措施等
	卫生设备安装施工	现场条件及空间分析、材料选择（卫生间管道的常用器材、管道连接方式及安装内容、预留孔洞要求和安装空间要求）、识读图纸、制订施工方案，组织施工，按照图纸完成施工内容；进行质量检验、分析质量缺陷原因并提出改进措施等

单元名称	给水排水系统安装施工	最低学时	10 学时
教学方法建议	1. 多媒体讲授。在教室以案例讲解相关施工知识； 2. 现场教学。在建筑设备安装实训室或项目现场采集信息、参观样板、现场勘测、功能分析、分组讨论、教师启发，采取问题导向学习； 3. 项目训练。在建筑设备安装实训室或项目现场分组识读图纸、现场勘测、制订实施方案，确定任务分工，角色扮演，分组实施给水排水安装，教师监督指导；完成质量检验与成品验收，总结缺陷原因，分析防治方法；采取团队训练、小组互查、教师检查		
教学场所要求	可在校内或项目现场完成。 1. 教学场景：项目现场或建筑设备安装实训室和建筑装饰施工技术实训室； 2. 工具设备：多媒体设备、施工工具及设备； 3. 教师配备：专业教师 1 人、实践教师 1 人		
考核评价要求	1. 成果形式：项目实施方案、汇报 PPT； 2. 评价方式：按五级记分制（优、良、中、及格、不及格），学生自评、小组互评、教师评价或业主评价的方式，以过程考核为主； 3. 考核标准：施工结果的细部把握及可用性		

电气系统安装施工技能单元教学要求　　　　　　　　表 27

单元名称	电气系统安装施工	最低学时	12 学时
教学目标	专业能力： 1. 能够掌握民用建筑室内电气材料品种、规格及特点； 2. 能够识读室内电气施工图纸； 3. 能够掌握室内电气安装的施工工艺流程及要点； 4. 能够进行室内电气安装方案设计； 5. 能够正确使用常用工具和机具； 6. 能够组织室内电气安装施工； 7. 能够对室内电气安装工程进行质量验收并提出整改方案 方法能力： 1. 具有最基本的收集资料和对室内电气安装问题进行处理的能力，发现问题、独立自主的分析问题和解决问题的能力； 2. 具有工程技术规范应用的能力； 3. 具有施工方案设计和施工实现的能力； 4. 具有工程验收和整改的能力； 5. 具有技术资料整理能力； 6. 具有项目总结和对数据进行处理的能力 社会能力： 1. 具备一定的设计创新能力，能自主学习、独立分析问题和解决问题的能力； 2. 具有较强的与客户交流沟通的能力、良好的语言表达能力； 3. 具有严谨的工作态度和团队协作、吃苦耐劳的精神，爱岗敬业、遵纪守法，自觉遵守职业道德和行业规范		

单元名称	电气系统安装施工		最低学时	12 学时
教学内容	技能点	主要训练内容		
	线管与线盒的敷设施工	现场条件及空间分析、材料选择（穿线管及线盒的型号、敷设方法、连接方式、安装内容）、识读图纸、制订施工方案，组织施工，按照图纸完成施工内容；进行质量检验、分析质量缺陷原因并提出改进措施等		
	各种线材连接施工	现场条件及空间分析、材料选择（各种线材的型号、选择方法、连接方式、安装内容）、识读图纸、制订施工方案，组织施工，按照图纸完成施工内容；进行质量检验、分析质量缺陷原因并提出改进措施等		
	弱电系统施工	现场条件及空间分析、材料选择（根据不同系统选择线材、双绞线、同轴电缆、确定不同的连接方式、安装内容）、识读图纸、制订施工方案，组织施工，按照图纸完成施工内容；进行质量检验、分析质量缺陷原因并提出改进措施等		
教学方法建议	1. 多媒体讲授。在教室以案例讲解相关施工知识； 2. 现场教学。在建筑设备安装实训室或项目现场采集信息、参观样板、现场勘测、功能分析、分组讨论、教师启发，采取问题导向学习； 3. 项目训练。在建筑设备安装实训室或项目现场分组识读图纸、现场勘测、制订实施方案，确定任务分工，角色扮演，分组实施电气安装，教师监督指导；完成质量检验与成品验收，总结缺陷原因，分析防治方法；采取团队训练、小组互查、教师检查			
教学场所要求	可在校内或项目现场完成。 1. 教学场景：项目现场、建筑设备安装实训室和建筑装饰施工技术实训室； 2. 工具设备：多媒体设备、施工工具及设备； 3. 教师配备：专业教师 1 人、实践教师 1 人			
考核评价要求	1. 成果形式：项目实施方案、汇报 PPT； 2. 评价方式：按五级记分制（优、良、中、及格、不及格），学生自评、小组互评、教师评价或业主评价的方式，以过程考核为主； 3. 考核标准：施工结果的细部把握及可用性			

<h2 style="text-align:center">明龙骨吊顶技能单元教学要求　　　　　　　　表 28</h2>

单元名称	明龙骨吊顶	最低学时	8 学时
教学目标	专业能力： 1. 能够掌握明龙骨饰吊顶的构造； 2. 能够阅读施工图，根据现场情况提出图纸中的问题，进行图纸深化设计； 3. 能够编制明龙骨饰面板吊顶的施工方案，能够分析会出现的质量问题，制定相关的防范措施； 4. 能够按照施工图要求进行配料，掌握材料检验方法，完成材料、机具准备； 5. 组织施工，完成实训项目，掌握明龙骨饰面板吊顶的施工流程及要点，掌握细部的处理方法； 6. 完成相关的施工技术资料；掌握质量检验的方法和标准； 7. 能够分析会出现的质量问题，制定相关的防范措施 方法能力： 1. 具有最基本的收集资料和对吊顶工程问题进行处理的能力，发现问题、独立自主的分析问题和解决问题的能力； 2. 具有工程技术规范应用的能力； 3. 具有施工方案设计和施工实现的能力； 4. 具有工程验收和整改的能力； 5. 具有技术资料整理能力； 6. 具有项目总结和对数据进行处理的能力 社会能力： 1. 培养学生具备最基本的职业素养和敬业精神； 2. 具有自主学习和独立处理问题的能力； 3. 具有团队协作能力； 4. 具有与甲方、监理等沟通交流协调的能力； 5. 具有"吃苦耐劳、团结协作、严谨规范、精心施工"的职业素养		

单元名称	明龙骨吊顶	最低学时	8 学时
教学内容	**技能点** T 形龙骨矿棉（石膏、硅钙）板吊顶	**主要训练内容** 识读图纸，了解设备图纸，查看现场；了解材料、构造；熟悉相关规范；进行图纸会审，完成图纸的深化设计；完成材料、机具计划，完成施工方案的编写；组织施工，按照图纸完成施工内容，进行质量检验、分析质量缺陷原因并提出改进措施等		

教学方法建议
1. 多媒体讲授。在教室以案例讲解相关施工知识；
2. 现场教学。在建筑装饰材料构造工艺展示室或项目现场采集信息、参观样板、现场勘测、功能分析、分组讨论、教师启发，采取问题导向学习；
3. 项目训练。在建筑装饰施工技术实训室或项目现场分组设计、查阅资料、现场勘测、细部构造设计与施工图绘制，分组制订实施方案，确定任务分工，角色扮演，分组实施明龙骨饰面板吊顶的施工，教师监督指导；完成质量检验与成品验收，总结缺陷原因，分析防治方法；采取团队训练、小组互查、教师检查

教学场所要求
可在校内或项目现场完成。
1. 教学场景：建筑装饰材料构造工艺展示室、建筑装饰施工技术实训室或项目现场；
2. 工具设备：多媒体设备、绘图工具、施工工具、检验工具等；
3. 教师配备：专业教师 1 人、工人技师 1 人

考核评价要求
1. 成果形式：技术资料、项目实训成果、汇报 PPT；
2. 评价方式：按五级记分制（优、良、中、及格、不及格），学生自评、小组互评、汇报及答辩、教师评价或技师评价的方式，以过程考核为主；
3. 考核标准：施工图的可操作性，技术资料完整，填写规范，操作过程规范性；项目成果的质量；质量检验的规范性和正确性；团队协作精神；技能点的掌握

暗龙骨吊顶技能单元教学要求 表 29

单元名称	暗龙骨吊顶	最低学时	22 学时

教学目标

专业能力：
1. 能够掌握暗龙骨饰面板吊顶的构造及细部构造方法；
2. 能够阅读施工图纸，结合现场情况提出图纸中的问题，完成图纸深化设计；
3. 能够编制暗龙骨饰面板吊顶的施工方案，能够分析会出现的质量问题，制定相关的防范措施；
4. 能够按照施工图要求进行配料，掌握材料检验方法，完成材料、机具准备；
5. 能够组织施工，完成实训项目，掌握暗龙骨饰面板吊顶的施工流程及要点，掌握细部的处理方法；
6. 能够完成相关的施工技术资料；掌握质量检验的方法和标准；
7. 能够分析会出现的质量问题，制定相关的防范措施
方法能力：
1. 具有基本的收集资料和对吊顶工程问题进行处理的能力，发现问题、独立自主的分析问题和解决问题的能力；
2. 具有工程技术规范应用的能力；
3. 具有施工方案设计和施工实现的能力；
4. 具有工程验收和整改的能力；
5. 具有技术资料整理能力；
6. 具有项目总结和对数据进行处理的能力
社会能力：
1. 培养学生具备最基本的职业素养和敬业精神；
2. 具有自主学习和独立处理问题的能力；
3. 具有团队协作能力；
4. 具有与甲方、监理等沟通交流协调的能力；
5. 具有"吃苦耐劳、团结协作、严谨规范、精心施工"的职业素养

单元名称	暗龙骨吊顶		最低学时	22 学时
教学内容	技能点	主要训练内容		
	木龙骨木饰面板吊顶	识读图纸，了解设备图纸，查看现场；了解材料、构造；熟悉相关规范；完成图纸的深化设计，进行图纸会审；完成材料、机具计划，完成施工方案的编写；组织施工，按照图纸完成施工内容，进行质量检验、分析质量缺陷原因并提出改进措施等		
	轻钢龙骨纸面石膏板吊顶	识读图纸，了解设备图纸，查看现场；了解材料、构造；熟悉相关规范；完成图纸的深化设计，进行图纸会审；完成材料、机具计划，完成施工方案的编写；组织施工，按照图纸完成施工内容，进行质量检验、分析质量缺陷原因并提出改进措施等		
	轻钢龙骨金属方板（条板、格栅）吊顶	识读图纸，了解设备图纸，查看现场；了解材料、构造；熟悉相关规范；完成图纸的深化设计，进行图纸会审；完成材料、机具计划，完成施工方案的编写；组织施工，按照图纸完成施工内容，进行质量检验、分析质量缺陷原因并提出改进措施等		
教学方法建议	1. 多媒体讲授。在教室以案例讲解相关施工知识； 2. 现场教学。在建筑装饰材料构造工艺展示室或项目现场采集信息、参观样板、现场勘测、功能分析、分组讨论、教师启发，采取问题导向学习； 3. 项目训练。在建筑装饰施工技术实训室或项目现场分组设计，查阅资料、现场勘测、细部构造设计与施工图绘制，分组制订实施方案，确定任务分工，角色扮演，分组实施暗龙骨饰面板吊顶的施工，教师监督指导；完成质量检验与成品验收，总结缺陷原因，分析防治方法；采取团队训练、小组互查、教师检查			
教学场所要求	可在校内或项目现场完成。 1. 教学场景：建筑装饰材料构造工艺展示室、建筑装饰施工技术实训室或项目现场； 2. 工具设备：多媒体设备、绘图工具、施工工具、检验工具等； 3. 教师配备：专业教师 1 人、工人技师 1 人			
考核评价要求	1. 成果形式：技术资料、项目实训成果、汇报 PPT； 2. 评价方式：按五级记分制（优、良、中、及格、不及格），学生自评、小组互评、汇报及答辩、教师评价或技师评价的方式，以过程考核为主； 3. 考核标准：施工图的可操作性，技术资料完整，填写规范；操作过程规范性；项目成果的质量；质量检验的规范性和正确性；团队协作精神；技能点的掌握			

墙柱面块材面层施工技能单元教学要求　　　　　　　　表 30

单元名称	墙柱面块材面层施工	最低学时	12 学时
教学目标	专业能力： 1. 能够熟悉墙柱面块材面层的构造； 2. 能够识读施工图，根据现场情况提出图纸中的问题； 3. 能够了解国家和地区颁发的规范、标准和规定，能够编制墙柱面块材面层的施工方案； 4. 能够按照现场尺寸要求，绘制施工排版图； 5. 能够按照施工图设计要求进行配料，掌握材料检验方法； 6. 能够按照施工要求完成材料、机具准备； 7. 能够组织施工，完成实训项目，掌握块材面层施工的要点和方法，掌握细部的处理方法； 8. 能够完成相关的施工技术资料； 9. 能够分析会出现的质量问题，制定相关的防范措施 方法能力： 1. 具有基本的收集资料和对墙柱面工程问题进行处理的能力，发现问题、独立自主的分析问题和解决问题的能力； 2. 具有工程技术规范应用的能力； 3. 具有施工方案设计和施工实现的能力；		

单元 名称	墙柱面块材面层施工	最低学时	12 学时

教学 目标	4. 具有工程验收和整改的能力； 5. 具有技术资料整理能力； 6. 具有项目总结和对数据进行处理的能力 社会能力： 1. 培养学生具备最基本的职业素养和敬业精神； 2. 具有自主学习和独立处理问题的能力； 3. 具有团队协作能力； 4. 具有与甲方、监理等沟通交流协调的能力； 5. 具有"吃苦耐劳、团结协作、严谨规范、精心施工"的职业素养

教学 内容	技能点	主要训练内容
	室内墙柱面马赛克施工	识读图纸，了解材料、构造；查看现场，熟悉相关规范；进行图纸会审，完成马赛克排版图设计；完成材料、机具计划，完成施工方案的编写；组织施工，按照图纸完成施工内容；进行质量检验、分析质量缺陷原因并提出改进措施等
	室内墙柱面装饰墙砖施工	识读图纸，了解材料、构造；查看现场，熟悉相关规范；进行图纸会审，完成墙砖排版图设计；完成材料、机具计划，完成施工方案的编写；组织施工，按照图纸完成施工内容；进行质量检验、分析质量缺陷原因并提出改进措施等

教学 方法 建议	1. 多媒体讲授。在教室以案例讲解相关施工知识； 2. 现场教学。在建筑装饰材料构造工艺展示室或项目现场采集信息、参观样板、现场勘测、功能分析、分组讨论、教师启发，采取问题导向学习； 3. 项目训练。在建筑装饰施工技术实训室或项目现场分组设计，查阅资料、现场勘测、排版图与施工图绘制，分组制订实施方案，确定任务分工，角色扮演，分组实施墙柱面块材面层的施工，教师监督指导；完成质量检验与成品验收，总结缺陷原因，分析防治方法；采取团队训练、小组互查、教师检查

教学 场所 要求	可在校内或项目现场完成。 1. 教学场景：建筑装饰材料构造工艺展示室、建筑装饰施工技术实训室、项目现场； 2. 工具设备：多媒体设备、绘图工具、施工工具、检验工具等； 3. 教师配备：专业教师1人、工人技师1人

考核 评价 要求	1. 成果形式：技术资料、项目实训成果、汇报PPT； 2. 评价方式：按五级记分制（优、良、中、及格、不及格）学生自评、小组互评、汇报及答辩、教师评价或技师评价的方式，以过程考核为主； 3. 考核标准：施工图的可操作性，技术资料完整，填写规范；操作过程规范性；项目成果的质量；质量检验的规范性和正确性；团队协作精神；技能点的掌握

单元名称	墙柱面板材面层施工	最低学时	20 学时

教学目标	专业能力： 1. 能够掌握墙柱面板材干挂的构造；掌握墙面各种饰面板的构造； 2. 能够阅读施工图，根据现场情况对装修图纸进行深化设计； 3. 能够按照现场尺寸要求，绘制板材排版图； 4. 能够按施工图要求进行配料，掌握材料检验方法，完成材料、机具准备； 5. 能够掌握国家和地区颁发的规范、标准和规定；能够编制墙柱面饰面板施工的施工方案，分析会出现的质量问题，制定相关的防范措施； 6. 通过组织施工，完成实训项目，掌握墙柱面饰面板施工的要点和方法，掌握细部的处理方法；了解施工中出现各类问题的处理方法； 7. 能够完成相关的施工技术资料； 8. 能够分析会出现的质量问题，制定相关的防范措施 方法能力： 1. 具有基本的收集资料和对墙柱面工程问题进行处理的能力，发现问题、独立自主的分析问题和解决问题的能力； 2. 具有工程技术规范应用的能力； 3. 具有施工方案设计和施工实现的能力； 4. 具有工程验收和整改的能力； 5. 具有技术资料整理能力； 6. 具有项目总结和对数据进行处理的能力 社会能力： 1. 培养学生具备最基本的职业素养和敬业精神； 2. 具有自主学习和独立处理问题的能力； 3. 具有团队协作能力； 4. 具有与甲方、监理等沟通交流协调的能力； 5. 具有"吃苦耐劳、团结协作、严谨规范、精心施工"的职业素养

教学内容	技能点	主要训练内容
	室内墙柱面木质板材施工	识读图纸，了解材料、构造；查看现场，熟悉相关规范；进行图纸会审，完成图纸深化设计；完成材料、机具计划，完成施工方案的编写；组织施工，按照图纸完成施工内容；分析工作过程，进行质量检验、分析质量缺陷原因并提出改进措施等
	室内墙柱面石板材施工	识读图纸，了解材料、构造；查看现场，熟悉相关规范；进行图纸会审，完成图纸深化设计；完成材料、机具计划，完成施工方案的编写；组织施工，按照图纸完成施工内容；分析工作过程，进行质量检验、分析质量缺陷原因并提出改进措施等
	室内墙柱面金属板材施工	识读图纸，了解材料、构造；查看现场，熟悉相关规范；进行图纸会审，完成图纸深化设计；完成材料、机具计划，完成施工方案的编写；组织施工，按照图纸完成施工内容；分析工作过程，进行质量检验、分析质量缺陷原因并提出改进措施等

教学方法建议	1. 多媒体讲授。在教室以案例讲解相关施工知识； 2. 现场教学。在建筑装饰材料构造工艺展示室或项目现场采集信息、参观样板、现场勘测、功能分析、分组讨论、教师启发，采取问题导向学习； 3. 项目训练。在建筑装饰施工技术实训室或项目现场分组设计，查阅资料、现场勘测、排版图与施工图绘制，分组制订实施方案，确定任务分工，角色扮演，分组实施墙柱面板材的施工，教师监督指导；完成质量检验与成品验收，总结缺陷原因，分析防治方法；采取团队训练、小组互查、教师检查

单元名称	墙柱面板材面层施工	最低学时	20 学时
教学场所要求	可在校内或项目现场完成。 1. 教学场景：建筑装饰材料构造工艺展示室、建筑装饰施工技术实训室、项目现场； 2. 工具设备：多媒体设备、绘图工具、施工工具、检验工具等； 3. 教师配备：专业教师 1 人、工人技师 1 人		
考核评价要求	1. 成果形式：技术资料、项目实训成果、汇报 PPT； 2. 评价方式：按五级记分制（优、良、中、及格、不及格），学生自评、小组互评、汇报及答辩、教师评价或技师评价的方式，以过程考核为主； 3. 考核标准：施工图的可操作性，技术资料完整，填写规范；操作过程规范性；项目成果的质量；质量检验的规范性和正确性；团队协作精神；技能点的掌握		

墙柱面软包施工技能单元教学要求 表 32

单元名称	墙柱面软包施工	最低学时	8 学时
教学目标	专业能力： 1. 能够掌握墙柱面软包的构造； 2. 能够阅读施工方案图，根据现场情况对装修设计图纸进行深化设计； 3. 能够按照现场尺寸要求，绘制软包加工图； 4. 能够按照施工图要求进行配料，掌握材料检验方法，完成材料、机具准备； 5. 能够掌握国家和地区颁发的规范、标准和规定；能够编制软包施工的施工方案，分析会出现的质量问题，制定相关的防范措施； 6. 通过组织施工，完成实训项目，掌握软包施工的要点和方法，掌握细部的处理方法；了解施工中出现各类问题的处理方法； 7. 能够完成相关的施工技术资料； 8. 能够分析会出现的质量问题，制定相关的防范措施 方法能力： 1. 具有基本的收集资料和对软包工程问题进行处理的能力，发现问题、独立自主的分析问题和解决问题的能力； 2. 具有工程技术规范应用的能力； 3. 具有施工方案设计和施工实现的能力； 4. 具有工程验收和整改的能力； 5. 具有技术资料整理能力； 6. 具有项目总结和对数据进行处理的能力 社会能力： 1. 培养学生具备最基本的职业素养和敬业精神； 2. 具有自主学习和独立处理问题的能力； 3. 具有团队协作能力； 4. 具有与甲方、监理等沟通交流协调的能力； 5. 具有"吃苦耐劳、团结协作、严谨规范、精心施工"的职业素养		
教学内容	技能点	主要训练内容	
	室内墙柱面软包（硬包）施工	识读图纸，了解材料、构造；查看现场，熟悉相关规范；完成图纸深化设计，进行图纸会审；完成材料、机具计划，完成施工方案的编写；组织施工，按照图纸完成施工内容；分析工作过程，进行质量检验、分析质量缺陷原因并提出改进措施等	

单元 名称	墙柱面软包施工	最低学时	8 学时
教学 方法 建议	1. 多媒体讲授。在教室以案例讲解相关施工知识； 2. 现场教学。在建筑装饰材料构造工艺展示室或项目现场采集信息、参观样板、现场勘测、功能分析、分组讨论、教师启发，采取问题导向学习； 3. 项目训练。在建筑装饰施工技术实训室或项目现场分组设计，查阅资料、现场勘测、细部构造设计与施工图绘制，分组制订实施方案，确定任务分工，角色扮演，分组实施墙柱面软包的施工，教师监督指导；完成质量检验与成品验收，总结缺陷原因，分析防治方法；采取团队训练、小组互查、教师检查		
教学 场所 要求	可在校内或项目现场完成。 1. 教学场景：建筑装饰材料构造工艺展示室、建筑装饰施工技术实训室、项目现场； 2. 工具设备：多媒体设备、绘图工具、施工工具、检验工具等； 3. 教师配备：专业教师1人、工人技师1人		
考核 评价 要求	1. 成果形式：技术资料、项目实训成果、汇报PPT； 2. 评价方式：按五级记分制（优、良、中、及格、不及格），学生自评、小组互评、汇报及答辩、教师评价或技师评价的方式，以过程考核为主； 3. 考核标准：施工图的可操作性，技术资料完整，填写规范，操作过程规范性；项目成果的质量；质量检验的规范性和正确性；团队协作精神；技能点的掌握		

骨架式隔墙施工技能单元教学要求   表 33

单元 名称	骨架式隔墙施工	最低学时	16 学时
教学 目标	专业能力： 1. 能够了解骨架式隔墙材料的特点、规格及应用范围，具有合理选择材料的能力； 2. 能够熟练识读施工图纸，能绘制施工图； 3. 能够根据空间情况设计骨架式轻质隔墙，并具有一定的装饰造型能力； 4. 能编制骨架式轻质隔墙施工方案； 5. 能够掌握施工工艺流程及施工要点； 6. 能够正确使用常用设备和机具； 7. 能够组织骨架式轻质隔墙施工； 8. 能够对骨架式轻质隔墙项目进行质量验收并提出整改方案 方法能力： 1. 具有获取专业信息，客观分析问题，编制实施方案的能力； 2. 具有根据项目现场实际，优化设计方案和材料、构造设计；根据工艺要求，确定制作方法，落实制作方案的能力； 3. 具有贯彻行业规范、标准；根据验收条目，进行质量检查，规范整理制作资料，完成项目验收与交接的能力 社会能力： 1. 具备一定的设计创新能力，能自主学习、独立分析问题和解决问题的能力； 2. 具有较强的与客户交流沟通的能力、良好的语言表达能力； 3. 具有严谨的工作态度和团队协作、吃苦耐劳的精神，爱岗敬业、遵纪守法，自觉遵守职业道德和行业规范		

教学 内容	技能点	主要训练内容
	木骨架木饰面板隔墙施工	现场勘查；识读图纸；了解材料、构造；熟悉相关规范；进行图纸会审；编制施工方案；材料准备；工具准备；作业条件准备；根据骨架式隔墙的施工流程及施工方案，完成整个施工过程；对骨架及板材的品种和规格与设计要求进行比对；对施工完成的每一道工序进行质量检查与验收，并做好成品保护
	轻钢龙骨纸面石膏板隔墙施工	现场勘查；了解材料、构造；熟悉相关规范；方案设计；进行方案分析、图纸会审；编制施工方案；材料准备；工具准备；作业条件准备；根据骨架式隔墙的施工流程及施工方案，完成整个施工过程；对施工完成的每一道工序进行质量检查与验收，并做好成品保护

单元名称	骨架式隔墙施工	最低学时	16 学时
教学方法建议	1. 多媒体讲授。在教室以案例讲解相关施工知识； 2. 现场教学。在建筑装饰材料构造工艺展示室或项目现场采集信息、参观样板、现场勘测、功能分析、分组讨论、教师启发，采取问题导向学习； 3. 项目训练。在建筑装饰施工技术实训室或项目现场分组设计，查阅资料、现场勘测、细部构造设计与施工图绘制，分组制订实施方案，确定任务分工，角色扮演，分组实施骨架式轻质隔墙的施工，教师监督指导；完成质量检验与成品验收，总结缺陷原因，分析防治方法；采取团队训练、小组互查、教师检查		
教学场所要求	可在校内或项目现场完成。 1. 教学场景：项目现场、建筑装饰施工技术实训室、建筑装饰材料构造工艺展示室； 2. 工具设备：多媒体设备、设计绘图工具、施工设备； 3. 教师配备：专业教师 1 人、工人技师 1 人		
考核评价要求	1. 成果形式：项目设计方案、项目实训成果、汇报 PPT； 2. 评价方式：按五级记分制（优、良、中、及格、不及格），学生自评、小组互评、教师评价或业主评价的方式，以过程考核为主； 3. 考核标准：施工图的可操作性，技术资料完整，填写规范；操作过程规范性；项目成果的质量；质量检验的规范性和正确性；团队协作精神；技能点的掌握		

块材式隔墙施工技能单元教学要求   表 34

单元名称	块材式隔墙施工	最低学时	6 学时
教学目标	专业能力： 1. 能够了解块材式隔墙材料的特点、规格及应用范围，具有合理选择材料的能力； 2. 能够熟练识读施工图纸，能绘制施工图； 3. 能够根据空间情况设计块材式隔墙，并具有一定的装饰造型能力； 4. 能编制块材式隔墙施工方案； 5. 能够掌握施工工艺流程及施工要点； 6. 能够正确使用常用设备和机具； 7. 能够组织块材式隔墙施工； 8. 能够对块材式隔墙项目进行质量验收并提出整改方案 方法能力： 1. 具有获取专业信息，客观分析问题，编制实施方案的能力； 2. 具有根据项目现场实际，优化设计方案和材料、构造设计；根据工艺要求，确定制作方法，落实制作方案的能力； 3. 具有贯彻行业规范、标准；根据验收条目，进行质量检查，规范整理制作资料，完成项目验收与交接的能力 社会能力： 1. 具备一定的设计创新能力，能自主学习、独立分析问题和解决问题的能力； 2. 具有较强的与客户交流沟通的能力、良好的语言表达能力； 3. 具有严谨的工作态度和团队协作、吃苦耐劳的精神，爱岗敬业、遵纪守法，自觉遵守职业道德和行业规范		

单元名称	块材式隔墙施工		最低学时	6 学时
教学内容	技能点	主要训练内容		
	轻质砌块隔墙施工	现场勘查；识读图纸；了解材料、构造；熟悉相关规范；进行图纸会审；编制施工方案；材料准备；工具准备；作业条件准备；根据块材式隔墙的施工流程及施工方案，完成整个施工过程；对砌块的品种和规格与设计要求进行比对；对施工完成的每一道工序进行质量检查与验收，并做好成品保护		
	玻璃砖隔墙施工	现场勘查；了解材料、构造；熟悉相关规范；方案设计；进行方案分析、图纸会审；编制施工方案；材料准备；工具准备；作业条件准备；根据块材式隔墙的施工流程及施工方案，完成整个施工过程；对施工完成的每一道工序进行质量检查与验收，并做好成品保护		
教学方法建议	1. 多媒体讲授。在教室以案例讲解相关施工知识； 2. 现场教学。在建筑装饰材料构造工艺展示室或项目现场采集信息、参观样板、现场勘测、功能分析、分组讨论、教师启发，采取问题导向学习； 3. 项目训练。在建筑装饰施工技术实训室或项目现场分组设计，查阅资料、现场勘测、细部构造设计与施工图绘制，分组制订实施方案，确定任务分工，角色扮演，分组实施块材式隔墙的施工，教师监督指导；完成质量检验与成品验收，总结缺陷原因，分析防治方法；采取团队训练、小组互查、教师检查			
教学场所要求	可在校内或项目现场完成。 1. 教学场景：建筑装饰施工技术实训室、项目现场、建筑装饰材料构造工艺展示室； 2. 工具设备：多媒体设备、设计绘图设备、施工设备； 3. 教师配备：专业教师 1 人、工人技师 1 人			
考核评价要求	1. 成果形式：项目设计方案、施工图、项目实训成果、汇报 PPT； 2. 评价方式：按五级记分制（优、良、中、及格、不及格），学生自评、小组互评、教师评价或业主评价的方式，以过程考核为主； 3. 考核标准：施工图的可操作性，技术资料完整，填写规范；操作过程规范性；项目成果的质量；质量检验的规范性和正确性；团队协作精神；技能点的掌握			

木门窗制作与安装技能单元教学要求   表 35

单元名称	木门窗制作与安装	最低学时	6 学时
教学目标	专业能力： 1. 能够掌握各种木门窗的构造； 2. 能够根据现场尺寸，确定门窗的加工尺寸； 3. 能够编制木门窗制作与安装的施工方案，能够分析会出现的质量问题，制定相关的防范措施； 4. 能够掌握材料检验方法，完成材料、机具准备； 5. 组织施工，完成实训项目，掌握木门窗制作与安装的施工流程及要点，掌握细部的处理方法； 6. 能够完成相关的施工技术资料； 7. 能够掌握质量检验的方法和标准； 8. 能够分析会出现的质量问题，制定相关的防范措施 方法能力： 1. 具有获取专业信息，客观分析问题，编制实施方案的能力； 2. 具有根据项目现场实际，优化设计方案和材料、构造设计；根据工艺要求，确定制作方法，落实制作方案的能力； 3. 具有贯彻行业规范、标准；根据验收条目，进行质量检查，规范整理制作资料，完成项目验收与交接的能力 社会能力： 1. 具备一定的设计创新能力，能自主学习、独立分析问题和解决问题的能力； 2. 具有较强的与客户交流沟通的能力、良好的语言表达能力； 3. 具有严谨的工作态度和团队协作、吃苦耐劳的精神，爱岗敬业、遵纪守法，自觉遵守职业道德和行业规范		

单元名称	木门窗制作与安装		最低学时	6 学时
教学内容	技能点	主要训练内容		
	实木成品门安装	识读图纸，了解材料、构造；查看现场，熟悉相关规范；进行图纸会审，完成材料、机具计划，完成制作与安装方案的编写；组织施工，按照图纸完成施工；进行质量检验、分析质量缺陷原因并提出改进措施等		
	木装饰窗的制作与安装	识读图纸，了解材料、构造；查看现场，熟悉相关规范；进行图纸深化设计，完成材料、机具计划，完成制作与安装方案的编写；组织施工，按照图纸完成施工；进行质量检验、分析质量缺陷原因并提出改进措施等		
教学方法建议	1. 多媒体讲授。在教室以案例讲解木门窗制作与安装知识； 2. 现场教学。在建筑装饰材料构造工艺展示室或项目现场采集信息、参观样板、现场勘测、功能分析、分组讨论、教师启发，采取问题导向学习； 3. 项目训练。在建筑装饰施工技术实训室或项目现场分组设计，查阅资料、现场勘测、细部构造设计与施工图绘制，分组制订实施方案，确定任务分工，角色扮演，分组实施木门窗的制作与安装，教师监督指导；完成质量检验与成品验收，总结缺陷原因，分析防治方法；采取团队训练、小组互查、教师检查			
教学场所要求	可在校内或项目现场完成。 1. 教学场景：建筑装饰材料构造工艺展示室、建筑装饰施工技术实训室、项目现场； 2. 工具设备：多媒体设备、绘图工具、施工工具、检验工具等； 3. 教师配备：专业教师 1 人、工人技师 1 人			
考核评价要求	1. 成果形式：技术资料、项目实训成果、汇报 PPT； 2. 评价方式：按五级记分制（优、良、中、及格、不及格），学生自评、小组互评、汇报及答辩、教师评价或技师评价的方式，以过程考核为主； 3. 考核标准：技术资料完整，填写规范；操作过程规范性；项目成果的质量；质量检验的规范性和正确性；团队协作精神；技能点的掌握			

金属门窗制作与安装技能单元教学要求　　　　　　　　　　　　　　　　表 36

单元名称	金属门窗制作与安装	最低学时	10 学时
教学目标	专业能力： 1. 能够掌握各种金属门窗的构造； 2. 能够根据现场尺寸，确定门窗的加工尺寸； 3. 能够编制金属门窗制作与安装的施工方案，能够分析会出现的质量问题，制定相关的防范措施； 4. 能够掌握材料检验方法，完成材料、机具准备； 5. 组织施工，完成实训项目，掌握金属门窗制作与安装的施工流程及要点，掌握细部的处理方法； 6. 能够完成相关的施工技术资料； 7. 能够掌握质量检验的方法和标准； 8. 能够分析会出现的质量问题，制定相关的防范措施 方法能力： 1. 具有获取专业信息，客观分析问题，编制实施方案的能力； 2. 具有根据项目现场实际，优化设计方案和材料、构造设计；根据工艺要求，确定制作方法，落实制作方案的能力；		

单元名称	金属门窗制作与安装	最低学时	10 学时
教学目标	3. 具有贯彻行业规范、标准；根据验收条目，进行质量检查，规范整理制作资料，完成项目验收与交接的能力 社会能力： 1. 具备一定的设计创新能力，能自主学习、独立分析问题和解决问题的能力； 2. 具有较强的与客户交流沟通的能力、良好的语言表达能力； 3. 具有严谨的工作态度和团队协作、吃苦耐劳的精神，爱岗敬业、遵纪守法，自觉遵守职业道德和行业规范		

教学内容	技能点	主要训练内容
	铝合金推拉窗的制作与安装	识读图纸，深化设计，熟悉相关规范；完成材料、机具计划，完成制作与安装方案的编写；组织施工，按照图纸完成施工；进行质量检验、分析质量缺陷原因并提出改进措施等
	铝合金平开门的制作与安装	识读图纸，了解材料、构造，查看现场，熟悉相关规范；进行图纸会审，完成图纸深化设计；完成材料、机具计划，完成制作与安装方案的编写；组织施工，按照图纸完成施工；进行质量检验、分析质量缺陷原因并提出改进措施等

教学方法建议	1. 多媒体讲授。在教室以案例讲解金属门窗制作与安装知识； 2. 现场教学。在建筑装饰材料构造工艺展示室或项目现场采集信息、参观样板、现场勘测、功能分析、分组讨论、教师启发，采取问题导向学习； 3. 项目训练。在建筑装饰施工技术实训室或项目现场分组设计，查阅资料、现场勘测、细部构造设计与制作与安装图绘制，分组制订实施方案，确定任务分工，角色扮演，分组实施金属门窗的制作与安装，教师监督指导；完成质量检验与成品验收，总结缺陷原因，分析防治方法；采取团队训练、小组互查、教师检查

教学场所要求	可在校内或门窗厂和项目现场完成。 1. 教学场景：建筑装饰材料构造工艺展示室、建筑装饰施工技术实训室、项目现场； 2. 工具设备：多媒体设备、绘图工具、施工工具、检验工具等； 3. 教师配备：专业教师 1 人、工人技师 1 人

考核评价要求	1. 成果形式：技术资料、项目实训成果、汇报 PPT； 2. 评价方式：按五级记分制（优、良、中、及格、不及格），学生自评、小组互评、汇报及答辩、教师评价或技师评价的方式，以过程考核为主； 3. 考核标准：技术资料完整，填写规范；操作过程规范性；项目成果的质量；质量检验的规范性和正确性；团队协作精神；技能点的掌握

楼地面块料面层施工技能单元教学要求 表 37

单元名称	楼地面块料面层施工	最低学时	10 学时
教学目标	专业能力： 1. 能够了解楼地面块料的特点、规格及应用范围，具备合理选择地面材料的能力； 2. 能够熟练识读楼地面块料面层施工图纸，能绘制施工图； 3. 能够根据空间情况确定楼地面块料面层铺装图； 4. 能够进行楼地面方案设计；		

单元名称	楼地面块料面层施工	最低学时	10 学时
教学目标	5. 能编制楼地面施工方案； 6. 能够掌握基本的施工工艺流程及施工要点； 7. 能够正确使用常用设备和机具； 8. 能够合理安排楼地面块料面层装饰施工； 9. 能够组织楼地面块料面层施工项目进行质量验收并提出整改方案 方法能力： 1. 具有获取专业信息，客观分析问题，编制实施方案的能力； 2. 具有根据项目现场实际，优化设计方案和材料、构造设计；根据工艺要求，确定施工方法，落实施工方案的能力； 3. 具有贯彻行业规范、标准；根据验收条目，进行质量检查，规范整理制作资料，完成项目验收与交接的能力 社会能力： 1. 具备一定的设计创新能力，能自主学习、独立分析问题和解决问题的能力； 2. 具有较强的与客户交流沟通的能力、良好的语言表达能力； 3. 具有严谨的工作态度和团队协作、吃苦耐劳的精神，爱岗敬业、遵纪守法，自觉遵守职业道德和行业规范		

教学内容	技能点	主要训练内容
	瓷砖、石材面层装饰施工	识读图纸，了解材料、构造；查看现场，熟悉相关规范；进行图纸会审，完成材料、机具计划，完成施工方案的编写；组织施工，按照图纸完成施工内容；分析工作过程，进行质量检验、分析质量缺陷原因并提出改进措施等

教学方法建议	1. 多媒体讲授。在教室以案例讲解楼地面施工知识； 2. 现场教学。在建筑装饰材料构造工艺展示室或项目现场采集信息、参观样板、现场勘测、功能分析、分组讨论、教师启发，采取问题导向学习； 3. 项目训练。在建筑装饰施工技术实训室或项目现场分组设计，查阅资料、现场勘测、细部构造设计与施工图绘制，分组制订实施方案，确定任务分工，角色扮演，分组实施楼地面块料面层装饰施工，教师监督指导；完成质量检验与成品验收，总结缺陷原因，分析防治方法；采取团队训练、小组互查、教师检查

教学场所要求	可在校内或项目现场完成。 1. 教学场景：建筑装饰材料构造工艺展示室、项目现场、建筑装饰施工技术实训室； 2. 工具设备：多媒体设备、绘图工具、施工工具、检验工具等； 3. 教师配备：专业教师 1 人、工人技师 1 人

考核评价要求	1. 成果形式：项目设计方案、技术资料、项目实训成果、汇报 PPT； 2. 评价方式：按五级记分制（优、良、中、及格、不及格），学生自评、小组互评、教师评价或业主评价的方式，以过程考核为主； 3. 考核标准：技术资料完整，填写规范；操作过程规范性；项目成果的质量；质量检验的规范性和正确性；团队协作精神；技能点的掌握

单元名称	楼地面竹木面层施工	最低学时	6 学时
教学目标	<div>专业能力： 1. 能够了解楼地面竹木材料的特点、规格及应用范围，具备合理选择地面材料的能力； 2. 能够熟练识读楼地面竹木面层施工图纸，能绘制施工图； 3. 能够根据空间情况确定楼地面竹木面层铺装图； 4. 能够进行楼地面方案设计； 5. 能编制楼地面施工方案； 6. 能够掌握基本的施工工艺流程及施工要点； 7. 能够正确使用常用设备和机具； 8. 能够合理安排楼地面竹木面层装饰施工； 9. 能够组织楼地面竹木面层施工项目进行质量验收并提出整改方案 方法能力： 1. 具有获取专业信息，客观分析问题，编制实施方案的能力； 2. 具有根据项目现场实际，优化设计方案和材料、构造设计；根据工艺要求，确定制作方法，落实制作方案的能力； 3. 具有贯彻行业规范、标准；根据验收条目，进行质量检查，规范整理制作资料，完成项目验收与交接的能力 社会能力： 1. 具备一定的设计创新能力，能自主学习、独立分析问题和解决问题的能力； 2. 具有较强的与客户交流沟通的能力、良好的语言表达能力； 3. 具有严谨的工作态度和团队协作、吃苦耐劳的精神，爱岗敬业、遵纪守法，自觉遵守职业道德和行业规范</div>			

教学内容	技能点	主要训练内容
	实铺式木地板安装施工	识读图纸，了解材料、构造；查看现场，熟悉相关规范；进行图纸会审，完成材料、机具计划，完成施工方案的编写；组织施工，按照图纸完成施工；进行质量检验、分析质量缺陷原因并提出改进措施等
	强化复合木地板安装施工	识读图纸，了解材料、构造；查看现场，熟悉相关规范；进行图纸会审，完成材料、机具计划，完成施工方案的编写；组织施工，按照图纸完成施工；进行质量检验、分析质量缺陷原因并提出改进措施等

教学方法建议	1. 多媒体讲授。在教室以案例讲解楼地面竹木面层装饰施工知识； 2. 现场教学。在建筑装饰材料构造工艺展示室或项目现场采集信息、参观样板、现场勘测、功能分析、分组讨论、教师启发，采取问题导向学习； 3. 项目训练。在建筑装饰施工技术实训室或项目现场分组设计，查阅资料、现场勘测、细部构造设计与施工图绘制，分组制订实施方案，确定任务分工，角色扮演，分组实施楼地面竹木面层装饰施工，教师监督指导；完成质量检验与成品验收，总结缺陷原因，分析防治方法；采取团队训练、小组互查、教师检查

教学场所要求	可在校内或项目现场完成。 1. 教学场景：建筑装饰材料构造工艺展示室、建筑装饰施工技术实训室、项目现场； 2. 工具设备：多媒体设备、设计绘图设备、材料与工具等； 3. 教师配备：专业教师1人、工人技师1人

考核评价要求	1. 成果形式：项目设计方案、施工图、技术资料、项目实训成果、汇报PPT； 2. 评价方式：按五级记分制（优、良、中、及格、不及格），学生自评、小组互评、教师评价或业主评价的方式，以过程考核为主； 3. 考核标准：技术资料完整，填写规范；操作过程规范性；项目成果的质量；质量检验的规范性和正确性；团队协作精神；技能点的掌握

楼地面软质材料面层施工技能单元教学要求　　　　　　　　　　表39

单元名称	楼地面软质材料面层施工	最低学时	4 学时
教学目标	专业能力： 1. 能够了解楼地面软质材料的特点、规格及应用范围，具备合理选择地面材料的能力； 2. 能够熟练识读楼地面软质材料面层施工图纸，能绘制施工图； 3. 能够根据空间情况确定楼地面软质材料面层铺装图； 4. 能够进行楼地面方案设计； 5. 能编制楼地面施工方案； 6. 能够掌握基本的施工工艺流程及施工要点； 7. 能够正确使用常用设备和机具； 8. 能够合理安排楼地面软质材料面层装饰施工； 9. 能够组织楼地面软质材料面层施工项目进行质量验收并提出整改方案 方法能力： 1. 具有获取专业信息，客观分析问题，编制实施方案的能力； 2. 具有根据项目现场实际，优化设计方案和材料、构造设计；根据工艺要求，确定制作方法，落实制作方案的能力； 3. 具有贯彻行业规范、标准；根据验收条目，进行质量检查，规范整理制作资料，完成项目验收与交接的能力 社会能力： 1. 具备一定的设计创新能力，能自主学习、独立分析问题和解决问题的能力； 2. 具有较强的与客户交流沟通的能力、良好的语言表达能力； 3. 具有严谨的工作态度和团队协作、吃苦耐劳的精神，爱岗敬业、遵纪守法，自觉遵守职业道德和行业规范		

	技 能 点	主要训练内容
教学内容	地毯面层装饰施工	识读图纸，了解材料、构造；查看现场，熟悉相关规范；进行图纸会审，完成材料、机具计划，完成施工方案的编写；组织施工，按照图纸完成施工；分析工作过程，进行质量检验、分析质量缺陷原因并提出改进措施等
	塑料面层装饰施工	识读图纸，了解材料、构造；查看现场，熟悉相关规范；进行图纸会审，完成材料、机具计划，完成施工方案的编写；组织施工，按照图纸完成施工；分析工作过程，进行质量检验、分析质量缺陷原因并提出改进措施等

教学方法建议	1. 多媒体讲授。在教室以案例讲解相关施工知识； 2. 现场教学。在建筑装饰材料构造工艺展示室或项目现场采集信息、参观样板、现场勘测、功能分析、分组讨论、教师启发，采取问题导向学习； 3. 项目训练。在建筑装饰施工技术实训室或项目现场分组设计，查阅资料、现场勘测、细部构造设计与施工图绘制，分组制订实施方案，确定任务分工，角色扮演，分组实施楼地面软质材料面层装饰施工，教师监督指导；完成质量检验与成品验收，总结缺陷原因，分析防治方法；采取团队训练、小组互查、教师检查

教学场所要求	可在校内或项目现场完成。 1. 教学场景：建筑装饰施工技术实训室、项目现场、建筑装饰材料构造工艺展示室； 2. 工具设备：多媒体设备、设计绘图设备、施工材料与工具等； 3. 教师配备：专业教师1人、工人技师1人

考核评价要求	1. 成果形式：项目设计方案、施工图、技术资料、项目实训成果、汇报PPT； 2. 评价方式：按五级记分制（优、良、中、及格、不及格）、学生自评、小组互评、教师评价或业主评价的方式，以过程考核为主； 3. 考核标准：技术资料完整，填写规范；操作过程规范性；项目成果的质量；质量检验的规范性和正确性；团队协作精神；技能点的掌握

单元名称	楼梯饰面施工		最低学时	10 学时
教学目标	专业能力： 1. 能够合理选择楼梯饰面所用装饰材料； 2. 能够熟练识读常见楼梯饰面构造图纸，能绘制常见楼梯饰面构造图； 3. 能编制楼梯饰面施工方案； 4. 能够掌握楼梯饰面的施工工艺流程及施工要点； 5. 能够正确使用常用设备和机具； 6. 能够组织楼梯饰面施工； 7. 能够对楼梯饰面进行质量验收并提出整改方案 方法能力 1. 具有获取专业信息，客观分析问题，编制实施方案的能力； 2. 具有根据项目现场实际，优化设计方案和材料、构造设计；根据工艺要求，确定制作方法，落实制作方案的能力； 3. 具有贯彻行业规范、标准；根据验收条目，进行质量检查，规范整理制作资料，完成项目验收与交接的能力 社会能力： 1. 具备一定的设计创新能力，能自主学习、独立分析问题和解决问题的能力； 2. 具有较强的与客户交流沟通的能力、良好的语言表达能力； 3. 具有严谨的工作态度和团队协作、吃苦耐劳的精神，爱岗敬业、遵纪守法，自觉遵守职业道德和行业规范			
教学内容	技 能 点		主要训练内容	
	块料饰面施工		现场勘测、对业主构想和要求分析、完成设计草案、制订施工方案，组织施工，按照图纸完成施工；进行质量检验、分析质量缺陷原因并提出改进措施等	
	软质材料面层施工		现场勘测、对业主构想和要求分析、完成设计草案、制订施工方案，组织施工，按照图纸完成施工；进行质量检验、分析质量缺陷原因并提出改进措施等	
教学方法建议	1. 多媒体讲授。在教室以案例讲解楼梯饰面相关施工知识； 2. 现场教学。在建筑装饰材料构造工艺展示室或项目现场采集信息、参观样板、现场勘测、功能分析、分组讨论、教师启发，采取问题导向学习； 3. 项目训练。在建筑装饰施工技术实训室或项目现场分组设计，查阅资料、现场勘测、细部构造设计与施工图绘制，分组制订实施方案，确定任务分工，角色扮演，分组实施楼梯饰面装饰施工，教师监督指导；完成质量检验与成品验收，总结缺陷原因，分析防治方法；采取团队训练、小组互查、教师检查			
教学场所要求	可在校内或项目现场完成。 1. 教学场景：建筑装饰施工技术实训室、项目现场； 2. 工具设备：多媒体设备、设计绘图设备、施工设备等； 3. 教师配备：专业教师1人、工人技师1人			
考核评价要求	1. 成果形式：项目设计方案、施工图、技术资料、项目实训成果、汇报PPT； 2. 评价方式：按五级记分制（优、良、中、及格、不及格），学生自评、小组互评、教师评价或业主评价的方式，以过程考核为主； 3. 考核标准：技术资料完整，填写规范；操作过程规范性；项目成果的质量；质量检验的规范性和正确性；团队协作精神；技能点的掌握			

表 41

单元 名称	金属扶栏施工		最低学时	12 学时
教学 目标	专业能力： 1. 能够掌握金属扶栏材料的特点及构造的知识； 2. 能够熟练识读常见金属扶栏制作与安装图纸，能绘制金属扶栏构造图； 3. 能编制金属扶栏施工方案； 4. 能够掌握基本的施工工艺流程及施工要点； 5. 能够正确使用常用设备和机具； 6. 能够组织金属扶栏施工； 7. 能够对金属扶栏进行质量验收并提出整改方案 方法能力： 1. 具有获取专业信息，客观分析问题，编制实施方案的能力； 2. 具有根据项目现场实际，优化设计方案和材料、构造设计；根据工艺要求，确定制作方法，落实制作方案的能力； 3. 具有贯彻行业规范、标准；根据验收条目，进行质量检查，规范整理制作资料，完成项目验收与交接的能力 社会能力： 1. 具备一定的设计创新能力，能自主学习、独立分析问题和解决问题的能力； 2. 具有较强的与客户交流沟通的能力、良好的语言表达能力； 3. 具有严谨的工作态度和团队协作、吃苦耐劳的精神，爱岗敬业、遵纪守法，自觉遵守职业道德和行业规范			
教学 内容	技 能 点	主要训练内容		
	金属花格栏杆的制作	了解材料、构造；查看现场，熟悉相关规范；进行图纸设计，分析图纸，完成材料、机具计划，完成施工方案的编写；组织施工，按照图纸完成制作与安装；进行质量检验、分析质量缺陷原因并提出改进措施等		
	不锈钢扶栏的安装	识读图纸，了解材料、构造；查看现场，熟悉相关规范；进行图纸会审，完成材料、机具计划，完成施工方案的编写；组织施工，按照图纸完成制作与安装；进行质量检验、分析质量缺陷原因并提出改进措施等		
教学 方法 建议	1. 多媒体讲授。在教室以案例讲解金属扶栏相关制作与安装知识； 2. 现场教学。在建筑装饰材料构造工艺展示室或项目现场采集信息、参观样板、现场勘测、功能分析、分组讨论、教师启发，采取问题导向学习； 3. 项目训练。在建筑装饰施工技术实训室或项目现场分组设计，查阅资料、现场勘测、细部构造设计与制作与安装图绘制，分组制订实施方案，确定任务分工，角色扮演，分组实施金属扶栏制作与安装，教师监督指导；完成质量检验与成品验收，总结缺陷原因，分析防治方法；采取团队训练、小组互查、教师检查			
教学 场所 要求	可在校内或项目现场完成。 1. 教学场景：建筑装饰施工技术实训室、项目现场； 2. 工具设备：多媒体设备、设计绘图设备、施工设备等； 3. 教师配备：专业教师1人、工人技师1人			
考核 评价 要求	1. 成果形式：项目设计方案、施工图、技术资料、项目实训成果、汇报PPT； 2. 评价方式：按五级记分制（优、良、中、及格、不及格）学生自评、小组互评、教师评价或业主评价的方式，以过程考核为主； 3. 考核标准：技术资料完整，填写规范；操作过程规范性；项目成果的质量；质量检验的规范性和正确性；团队协作精神；技能点的掌握			

室内家具的选择与布置技能单元教学要求　　　　　　　　　　　　表 42

单元名称	室内家具的选择与布置		最低学时	8 学时
教学目标	专业能力： 1. 熟悉室内空间设计风格和空间尺度； 2. 掌握室内家具的设计、选型与布置的基本原则和方法； 3. 能够根据项目要求完成项目的设计、表达与选型； 4. 能够按照要求制定室内家具的布置方案，并能实现家具陈设方案最终效果； 5. 能够根据家具质量标准完成家具质量检查和项目验收 方法能力： 1. 根据项目要求，获取专业信息，客观分析问题，编制实施方案；根据项目现场实际，优化设计方案和材料、构造设计； 2. 根据工艺要求，确定制作方法，落实制作方案； 3. 根据行业规范，系统检查制度方法，贯彻规范标准；根据验收条目，进行质量检查，规范整理制作资料，完成项目验收与交接 社会能力： 1. 具备一定的洞悉陈设潮流的敏感性和设计创新能力，能自主学习、独立分析问题和解决问题的能力； 2. 具有较强的与客户交流沟通的能力、良好的语言表达能力； 3. 具有严谨的工作态度和团队协作、吃苦耐劳的精神，爱岗敬业、遵纪守法，自觉遵守职业道德和行业规范			
教学内容	技　能　点		主要训练内容	
	客厅家具选择与布置		客厅现场勘测、业主构想和要求分析、完成设计草案、绘制设计方案，深化家具色彩设计和材料选样，完成家具选型，实施家具的布置，家具质量检查、项目验收	
	卧室家具选择与布置		卧室现场勘测、业主构想和要求分析、完成设计草案、绘制设计方案，深化家具色彩设计和材料选样，完成家具选型，实施家具的布置，家具质量检查、项目验收	
	会议室家具选择与布置		会议室现场勘测、业主构想和要求分析、完成设计草案、绘制设计方案，深化家具色彩设计和材料选样，完成家具选型，实施家具的布置，家具质量检查、项目验收	
教学方法建议	1. 在室内陈设制作与安装实训室或项目现场采集信息、参观样板、现场勘测、功能分析、分组讨论、教师启发，采取案例教学和问题导向学习； 2. 在室内陈设制作与安装实训室分组设计，查阅资料、方案分析、教师启发，采取项目教学； 3. 分组制订实施方案，确定人员任务分工，教师与学生交流，采取团队训练； 4. 在室内陈设制作与安装实训室或项目现场分组实施或工作室虚拟实施，教师监督； 5. 角色扮演，学生小组自查、教师检查			
教学场所要求	可在校内或项目现场完成。 1. 教学场景：室内陈设制作与安装实训室、项目现场； 2. 工具设备：多媒体设备、设计绘图设备、家具及安装工具等； 3. 教师配备：专业教师 1 人、工人技师 1 人			
考核评价要求	1. 成果形式：项目设计方案、实施方案、项目完成实景； 2. 评价方式：按五级记分制（优、良、中、及格、不及格），学生自评、小组互评、教师评价或业主评价的方式，以过程考核为主； 3. 考核标准：设计方案的创新性和风格、尺度的把握，实施方案的可行性和布置安装的准确性，检查验收的规范性和正确性			

42

单元名称	室内饰品与织物的选择与布置	最低学时	8 学时
教学目标	专业能力： 1. 熟悉室内饰品与织物的类型与作用； 2. 掌握室内饰品与织物的陈设原则与布置方式； 3. 能够根据不同室内空间设计风格和空间尺度完成项目的设计、表达与选型； 4. 能够按照要求制定室内饰品与织物陈设的布置方案，并能实现饰品与织物陈设方案最终效果； 5. 能够根据项目要求和有关质量标准完成质量检查和项目验收 方法能力： 1. 根据项目要求，获取专业信息，客观分析问题，编制实施方案；根据项目现场实际，优化设计方案和材料、造型设计； 2. 根据工艺要求，确定制作方法，落实制作与布置方案； 3. 根据行业规范，系统检查制度方法，贯彻规范标准；根据验收条目，进行质量检查，规范整理制作资料，完成项目验收与交接 社会能力： 1. 具备一定的洞悉陈设潮流的敏感性和设计创新能力，能自主学习、独立分析问题和解决问题的能力； 2. 具有较强的与客户交流沟通的能力、良好的语言表达能力； 3. 具有严谨的工作态度和团队协作、吃苦耐劳的精神，爱岗敬业、遵纪守法，自觉遵守职业道德和行业规范		
教学内容	**技 能 点**	**主要训练内容**	
	居室空间饰品与织物选择与布置	居室空间现场勘测、业主构想和要求分析、完成设计草案、绘制设计方案，深化制作与布置方案，完成饰品与织物选择、饰品与织物的布置与安装，饰品与织物的质量检查、项目验收	
	办公空间饰品与织物选择与布置	办公空间现场勘测、业主构想和要求分析、完成设计草案、绘制设计方案，深化制作与布置方案，完成饰品与织物选择、饰品与织物的布置与安装，饰品与织物的质量检查、项目验收	
教学方法建议	1. 在室内陈设制作与安装实训室或项目现场采集信息、参观样板、现场勘测、功能分析、分组讨论、教师启发，采取案例教学和问题导向学习； 2. 在室内陈设制作与安装实训室分组设计，查阅资料、方案分析，教师启发，采取项目教学； 3. 分组制订附件制作与布置方案，确定任务分工，教师与学生交流，采取团队训练教学； 4. 完成饰品选择，在室内陈设制作与安装实训室或项目现场分组实施，教师监督； 5. 角色扮演，完成饰品、织物及附件的质量检查与成品验收，教师检查		
教学场所要求	可在校内或项目现场完成。 1. 教学场景：室内陈设制作与安装实训室、项目现场； 2. 工具设备：多媒体设备、设计绘图设备、工艺品、艺术品、织物与安装工具； 3. 教师配备：专业教师 1 人、工人技师 1 人		
考核评价要求	1. 成果形式：项目设计方案、布置方案、项目完成实景； 2. 评价方式：按五级记分制（优、良、中、及格、不及格），学生自评、小组互评、教师评价或业主评价的方式，以过程考核为主； 3. 考核标准：设计方案的创新性和风格、尺度的把握，布置方案的可行性，布置安装的正确性，检查验收的规范性		

单元名称	室内绿化的制作与布置	最低学时	8 学时
教学目标	专业能力： 1. 熟悉室内植物的特性、绿化的作用及植物养护知识； 2. 掌握室内绿化的配置与美学原理及配置方式； 3. 能够根据室内空间设计风格和空间尺度完成项目的设计、表达与选型； 4. 能够按照要求制定室内插化的制作与植物配置方案，选择合适花材、植物和花器； 5. 能够正确使用插花工具制作与布置室内绿化； 6. 能够依据项目要求和有关质量标准完成质量检查和项目验收 方法能力： 1. 根据项目要求，获取专业信息，客观分析问题，编制实施方案；根据项目现场实际，优化设计方案和材料、造型设计； 2. 根据工艺要求，确定制作方法，落实制作与布置方案； 3. 根据行业规范，系统检查制度方法，贯彻规范标准；根据验收条目，进行质量检查，规范整理制作资料，完成项目验收与交接 社会能力： 1. 具备一定的洞悉陈设潮流的敏感性和设计创新能力，能自主学习、独立分析问题和解决问题的能力； 2. 具有较强的与客户交流沟通的能力、良好的语言表达能力； 3. 具有严谨的工作态度和团队协作、吃苦耐劳的精神，爱岗敬业、遵纪守法，自觉遵守职业道德和行业规范		

教学内容	技　能　点	主要训练内容
	居室空间插花与植物布置	居室空间现场勘测、业主构想和要求分析、完成设计草案、绘制设计方案，深化花材、植物和花器设计、完成配置方案，完成插花制作与植物布置，室内绿化质量检查、项目验收
	办公空间插花与植物布置	办公空间现场勘测、业主构想和要求分析、完成设计草案、绘制设计方案，深化花材、植物和花器设计、完成配置方案，完成插花制作与植物布置，室内绿化质量检查、项目验收
	餐饮空间插花与植物布置	餐饮空间现场勘测、业主构想和要求分析、完成设计草案、绘制设计方案，深化花材、植物和花器设计、完成配置方案，完成插花制作与植物布置，室内绿化质量检查、项目验收

教学方法建议	1. 在室内陈设制作与安装实训室、项目现场采集信息、参观样板、现场勘测、功能分析、分组讨论、教师启发，采取案例教学和问题导向学习； 2. 在室内陈设制作与安装实训室分组设计，查阅资料、方案分析，教师启发，采取项目教学； 3. 分组制订实施方案，确定任务分工，教师与学生交流，采取团队训练教学； 4. 在室内陈设制作与安装实训室和项目现场分组实施插花制作与植物布置，教师监督； 5. 角色扮演，完成室内绿化检查与验收，教师检查

教学场所要求	可在校内或项目现场完成。 1. 教学场景：室内陈设制作与安装实训室、项目现场； 2. 工具设备：多媒体设备、设计绘图设备、插花花材、植物、花器和插花工具； 3. 教师配备：专业教师 1 人、工人技师 1 人

考核评价要求	1. 成果形式：项目设计方案、配置方案、插花成品、项目完成实景； 2. 评价方式：按五级记分制（优、良、中、及格、不及格），学生自评、小组互评、教师评价或业主评价的方式，以过程考核为主； 3. 考核标准：设计方案的创新性和风格、尺度的把握，配置方案的可行性与可操作性，插花成品的和谐性，检查验收的规范性

中小型单一空间施工图绘制技能单元教学要求 表 45

单元名称	中小型单一空间施工图绘制	最低学时	15 学时
教学目标	专业能力： 1. 了解单一空间装饰施工图绘制特点； 2. 熟练掌握单一空间装饰施工图的绘制程序和绘制内容； 3. 熟练掌握建筑装饰施工图制图标准； 4. 熟练掌握空间各界面的材料、构造知识，并能进行深化设计； 5. 能独自完成项目各界面的构造图； 6. 能够独自完成单一空间完整装饰施工图文件的绘图和编制； 7. 能正确审核图纸 方法能力： 1. 具有根据项目要求，获取专业信息，客观分析问题，绘制装饰施工图的能力； 2. 具有根据项目现场实际，优化设计方案和材料、构造设计的能力； 3. 具有根据制图标准绘制装饰施工图，编制施工图文件的能力； 4. 具有根据建筑装饰工程设计构思、施工单位对图纸的要求，依据一般审核程序，进行施工图审核的能力 社会能力： 1. 具备一定的感知建筑装饰设计风格的能力和设计创新能力，能自主学习、独立分析问题和解决问题的能力； 2. 具有较强的与客户交流沟通的能力、良好的语言表达能力； 3. 具有严谨的工作态度和团队协作、吃苦耐劳的精神，爱岗敬业、遵纪守法，自觉遵守职业道德和行业规范		

教学内容	技 能 点	主要训练内容
	会议室施工图绘制	识读方案设计文件，现场尺寸复核，深化设计方案，按照会议室装饰施工图绘制内容和要求，制订图纸绘制计划，绘制出会议室装饰施工图，并按照制图标准、图面原则设置，输出施工图文件；学生自审、互审，写出图纸整改意见，教师点评
	餐饮包间施工图绘制	识读方案设计文件，现场尺寸复核，深化设计方案，按照包间装饰施工图绘制内容和要求，制订图纸绘制计划，绘制出餐厅包间装饰施工图，并按照制图标准、图面原则设置，输出施工图文件；学生自审、互审，写出图纸整改意见，教师点评

教学方法建议	1. 多媒体讲授。在教室以案例讲解装饰装修施工图绘制知识； 2. 现场教学。在建筑装饰施工技术实训室或项目现场采集信息、参观样板、现场勘测、分组讨论、教师启发，采取问题导向学习； 3. 项目训练。在设计实训室分组查阅资料、制定绘图计划，完成装饰施工图绘制，教师指导

教学场所要求	在校内完成。 1. 教学场景：设计实训室、建筑装饰施工技术实训室、项目现场； 2. 工具设备：多媒体设备、设计绘图设备； 3. 教师配备：专业教师 1 人

考核评价要求	1. 成果形式：设计方案分析 PPT；复核尺寸图、尺寸复核说明书；工作页；装饰施工图文件； 2. 评价方式：按五级记分制（优、良、中、及格、不及格），学生自评、互评、教师评价，以过程考核为主； 3. 考核标准：装饰施工图的内容及要求的把握，构造深化设计能力，装饰施工图的正确性、完整型、规范性和可操作性

45

单元名称	中型组合空间施工图绘制	最低学时	20 学时
教学目标	专业能力： 1. 了解中型组合空间装饰施工图绘制特点； 2. 熟练掌握中型组合空间装饰施工图的绘制程序和绘制内容； 3. 熟练掌握建筑装饰施工图制图标准； 4. 熟练掌握空间各界面的材料、构造知识，并能进行深化设计； 5. 能独自完成项目各界面的构造图； 6. 能够组成团队完成中型组合空间整套装饰施工图文件的绘图和编制； 7. 能正确审核图纸 方法能力： 1. 具有根据项目要求，获取专业信息，客观分析问题，绘制装饰施工图的能力； 2. 具有根据项目现场实际，优化设计方案和材料、构造设计的能力； 3. 具有根据制图标准绘制装饰施工图，编制施工图文件的能力； 4. 具有根据建筑装饰工程设计构思、施工单位对图纸的要求，依据一般审核程序，进行施工图审核的能力 社会能力： 1. 具备一定的感知建筑装饰设计风格的能力和设计创新能力，能自主学习、独立分析问题和解决问题的能力； 2. 具有较强的与客户交流沟通的能力、良好的语言表达能力； 3. 具有严谨的工作态度和团队协作、吃苦耐劳的精神，爱岗敬业、遵纪守法，自觉遵守职业道德和行业规范		
教学内容	技 能 点	主要训练内容	
	居室装饰施工图绘制	学生组成团队，共同完成居室空间装饰施工图。识读方案设计文件，现场尺寸复核，深化设计方案，按照中型组合空间装饰施工图绘制内容和要求，制定图纸绘制计划，分配任务，绘制出居室空间装饰施工图，并按照制图标准、图面原则设置，输出施工图；学生自审、互审，写出图纸整改意见，教师点评	
	舞厅装饰施工图绘制	学生组成团队，共同完成舞厅装饰施工图。识读方案设计文件，现场尺寸复核，深化设计方案，按照中型组合空间装饰施工图绘制内容和要求，制定图纸绘制计划，分配任务，绘制出舞厅装饰施工图，并按照制图标准、图面原则设置，输出施工图；学生自审、互审，写出图纸整改意见，教师点评	
教学方法建议	1. 多媒体讲授。在教室以案例讲解装饰装修施工图绘制知识； 2. 现场教学。在建筑装饰施工技术实训室或项目现场采集信息、参观样板、现场勘测、分组讨论、教师启发，采取问题导向学习； 3. 项目训练。在设计实训室分组查阅资料、制定绘图计划，完成装饰施工图绘制，教师指导		
教学场所要求	在校内完成。 1. 教学场景：设计实训室、建筑装饰施工技术实训室、项目现场； 2. 工具设备：多媒体设备、设计绘图设备； 3. 教师配备：专业教师 1 人		
考核评价要求	1. 成果形式：设计方案分析 PPT；复核尺寸图、尺寸复核说明书；工作页；装饰施工图文件； 2. 评价方式：按五级记分制（优、良、中、及格、不及格），学生自评、互评、教师评价，以过程考核为主； 3. 考核标准：装饰施工图的内容及要求的把握，构造深化设计能力，装饰施工图的正确性、完整型、规范性和可操作性		

单元名称	建筑装饰工程工程量清单计量与计价	最低学时	20 学时
教学目标	专业能力： 1. 能够熟悉计量与计价的基础知识和相关的法规； 2. 能够掌握装饰装修工程工程量清单计算的方法，能够编制工程量清单（小型建筑装饰装修工程）； 3. 能够掌握装饰装修工程工程量清单综合单价计算方法，会计算综合单价； 4. 能够掌握措施项目的内容和计价方法，根据个案会计算措施项目费 方法能力： 1. 具备基本的收集资料和对工程问题进行处理的能力，发现问题、独立自主的分析问题和解决问题的能力； 2. 具有相关技术规范应用的能力； 3. 具有工程计量与计价的能力 社会能力： 1. 具备基本的职业素养和敬业精神、自主学习的能力； 2. 具有团队协作能力、与甲方、监理、咨询公司等沟通交流协调的能力； 3. 具有"吃苦耐劳、团结协作、严谨规范、精心施工"的职业素养		
教学内容	**技 能 点**	**主要训练内容**	
	楼地面装饰工程计量与计价	识读图纸，了解楼地面装饰装修的材料及构造，熟悉相关规范；提出图纸中的问题，对图纸进行答疑；学习楼地面工程工程量清单计算规则及综合单价的计算方法	
	墙柱面装饰工程计量与计价	识读图纸，了解墙柱面装饰装修的材料及构造，熟悉相关规范；提出图纸中的问题，对图纸进行答疑；学习墙柱面装饰装修工程工程量清单计算规则及综合单价的计算方法	
	顶棚装饰工程计量与计价	识读图纸，了解顶棚装饰装修的材料及构造，熟悉相关规范；提出图纸中的问题，对图纸进行答疑；学习顶棚装饰装修工程工程量清单计算规则及综合单价的计算方法	
	门窗装饰工程计量与计价	识读图纸，了解门窗装饰工程的材料及构造，熟悉相关规范；提出图纸中的问题，对图纸进行答疑；学习门窗工程工程量清单计算规则及综合单价的计算方法	
	其他装饰工程计量与计价	识读图纸，了解其他装饰装修的材料及构造，熟悉相关规范；提出图纸中的问题，对图纸进行答疑；学习其他装饰装修工程工程量清单计算规则及综合单价的计算方法	
	其他费用、措施项目费及单位工程费计算	了解其他费用、措施项目费的内容；了解措施项目费的计算方法	
教学方法建议	1. 老师提供完整的装饰装修施工图纸（相对简单一点）； 2. 学生通过识读图纸，了解构造，提出问题，老师对图纸进行答疑； 3. 老师以案例的形式讲解计算规则和综合单价的计算方法、讲解其他费用、措施项目费及费用的组成； 4. 学生进行材料场调研，了解材料规格和价格； 5. 学生和老师一起共同完成项目工程量清单编制及报价		
教学场所要求	在校内完成。 1. 教学场景：建筑装饰工程信息与管理实训室、建筑装饰材料构造工艺展示室； 2. 工具设备：多媒体设备、计算机、预算软件等； 3. 教师配备：专业教师 1 人		
考核评价要求	1. 成果形式：项目实训成果、汇报 PPT； 2. 评价方式：按五级记分制（优、良、中、及格、不及格），教师评价，以过程考核为主； 3. 考核标准：知识点的掌握；计算正确，填写规范；项目成果的质量；团队协作精神		

单元名称	建筑装饰装修工程施工图预算		最低学时	14 学时
教学目标	专业能力： 1. 掌握施工图预算的编制依据、编制方法和作用； 2. 能够编制中型建筑装饰装修工程施工图预算 方法能力： 1. 具备基本的收集资料和对工程问题进行处理的能力，发现问题、独立自主的分析问题和解决问题的能力； 2. 具有相关技术规范应用的能力； 3. 具有工程计量与计价的能力 社会能力： 1. 具备基本的职业素养和敬业精神、自主学习的能力； 2. 具有团队协作能力、与甲方、监理、咨询公司等沟通交流协调的能力； 3. 具有"吃苦耐劳、团结协作、严谨规范、精心施工"的职业素养			
教学内容	技 能 点		主要训练内容	
	施工图预算编制 (非工程量清单招标工程)		识读图纸，了解材料、构造；查看现场，熟悉相关规范；进行图纸会审，进行图纸答疑；了解施工图预算的相关知识；会编制施工图预算	
教学方法建议	1. 老师提供完整的装饰装修施工图纸； 2. 学生通过识读图纸，了解构造，提出问题，老师对图纸进行答疑； 3. 老师结合案例讲解施工图预算的相关知识； 4. 学生进行材料市场调研，了解材料规格和价格； 5. 在教师指导下，学生完成项目的施工图预算			
教学场所要求	在校内完成。 1. 教学场景：建筑装饰工程信息与管理实训室、建筑装饰材料构造工艺展示室； 2. 工具设备：多媒体设备、计算机、预算软件等； 3. 教师配备：专业教师 1 人			
考核评价要求	1. 成果形式：项目实训成果、汇报 PPT； 2. 评价方式：按五级记分制(优、良、中、及格、不及格)，教师评价，以过程考核为主； 3. 考核标准：知识点的掌握；计算正确，填写规范；项目成果的质量；团队协作精神			

单元 名称	建筑装饰工程招投标	最低学时	12 学时

| 教学
目标 | 专业能力：
1. 能够编制工程施工招标公告、资格预审文件、招标文件，发布招标公告、资格预审公告；
2. 能够组织投标预备会，编制工程标底；
3. 能够组织开标、评标，评标、定标、发布中标通知；
4. 能够完成投标项目的前期工作；
5. 能够申报资格预审，拟定投标策略，组织投标；
6. 能够编制投标报价，编制投标文件，参加投标，争取中标
方法能力：
1. 具备基本的收集资料和对工程问题进行处理的能力，发现问题、独立自主的分析问题和解决问题的能力；
2. 具有相关技术规范应用的能力；
3. 具有装饰工程招投标文件编制的能力
社会能力：
1. 具备基本的职业素养和敬业精神、自主学习的能力；
2. 具有团队协作能力、与甲方、监理、咨询公司等沟通交流协调的能力；
3. 具有"吃苦耐劳、团结协作、严谨规范、精心施工"的职业素养 |

教学 内容	技　能　点	主要训练内容
	建筑装饰工程 招标	能根据工程具体情况编写招标公告；编写资格预审文件，组织资格预审；掌握招标程序，提供具体招标工程的招标文件；编制招标工程标底，给出招标工程的最高限价；策划开标工作，组织工程开标；组织开标、评标，评标、定标、发布中标通知
	建筑装饰工程投标	收集招标信息，选择投标项目，完成投标前期工作；参加资格预审，拟定投标策略，组织投标；根据招标文件中的清单，编制有竞争力的投标报价；响应招标文件要求，做好施工方案与进度计划，按时投递投标文件

| 教学
方法
建议 | 1. 学生编制文件，提出问题，老师进行答疑；
2. 针对具体内容，进行模拟招投标的过程组织，教师启发，采取项目教学；
3. 分组编制招投标文件，教师与学生交流，采取团队训练教学 |

| 教学
场所
要求 | 在校内完成。
1. 教学场景：建筑装饰装修信息与管理实训室；
2. 工具设备：多媒体设备等；
3. 教师配备：专业教师 1 人 |

| 考核
评价
要求 | 1. 成果形式：项目成果、汇报 PPT；
2. 评价方式：按五级记分制（优、良、中、及格、不及格），教师评价，以过程考核为主；
3. 考核标准：技能点的掌握；项目成果的质量；招投标文件的规范性和正确性；团队协作精神 |

装饰工程质量的检验与检测技能单元教学要求   表 50

单元名称	装饰工程质量的检验与检测	最低学时	24 学时

教学目标	专业能力： 1. 具有对建筑装饰工程质量检验与检测的职业技能； 2. 能够掌握建筑装饰工程的分部分项工程的验收标准； 3. 能够正确进行检验批的划分和验收、掌握建筑装饰材料的检查和验收、能够正确使用检测工具和仪器； 4. 能编制施工质量和安全保障措施，能独立完成施工质量检查及验收，对施工现场出现的一般缺陷能识别并能解决 方法能力： 1. 具有根据项目要求，获取专业信息，客观分析问题，编制质量检验与检测的实施方案的能力； 2. 具有根据项目现场实际，进行检验与检测的能力； 3. 具有根据工艺要求，确定检查验收的方案，实施检查验收方案；根据国家和建设行业规范，系统检查质量保证制度，贯彻规范标准的能力； 4. 具有根据验收条目，进行质量检查，规范整理制作资料，完成项目验收与交接的能力 社会能力： 1. 具有自主学习、独立分析问题和解决问题的能力； 2. 具有较强的与客户交流沟通的能力、良好的语言表达能力； 3. 具有严谨的工作态度和团队协作、吃苦耐劳的精神，爱岗敬业、遵纪守法，自觉遵守职业道德和行业规范

教学内容	技 能 点	主要训练内容
	楼地面装饰工程质量检验与检测	楼地面材料的检查预验收，楼地面的施工工艺，楼地面的质量验收标准，楼面地检验批、分项工程的质量检查与验收
	墙柱面装饰工程质量检验与检测	墙柱面材料的检查预验收，墙柱面的施工工艺，墙柱面的质量验收标准，墙柱面检验批、分项工程的质量检查与验收
	顶棚装饰工程质量检验与检测	顶棚材料的检查预验收，顶棚的施工工艺，顶棚的质量验收标准，顶棚检验批、分项工程的质量检查与验收
	其他装饰工程质量检验与检测	其他装饰材料的检查与验收，其他装饰工程的施工工艺，其他装饰工程的质量验收标准，其他装饰工程安装检验批、分项工程的质量检查与验收

教学方法建议	1. 多媒体讲授。在教室以案例讲解相关工程质量检验与检测知识； 2. 现场教学。在建筑装饰施工技术实训室或项目现场采集信息、现场勘测、分组讨论、教师启发，采取问题导向学习； 3. 项目训练。在建筑装饰施工技术实训室、建筑装饰工程质量检验与检测实训室或项目现场分组编制装饰工程质量检验与检测方案，查阅资料、方案分析、分组进行工程质量检验与检测实训，填写验收记录，教师检查与指导

教学场所要求	可在校内或项目现场完成。 1. 教学场景：建筑装饰施工技术实训室、装饰工程质量检验与检测实训室、项目现场； 2. 工具设备：多媒体设备、检验检测工具、仪器设备； 3. 教师配备：专业教师 1 人

考核评价要求	1. 成果形式：质量验收方案、检验批验收记录； 2. 评价方式：按五级记分制（优、良、中、及格、不及格），学生自评、小组互评、教师评价或业主评价的方式，以过程考核为主； 3. 考核标准：质量验收方案的可行性，实施过程的正确性，检查验收的规范性

3. 课程体系构建的原则要求

倡导各学校根据自身条件和特色构建校本化的课程体系，因此，只提出课程体系构建的原则要求。

课程教学包括理论教学和实践教学，课程可以按知识/技能领域进行设置，也可以由若干个知识/技能领域构成一门课程，还可以从各知识/技能领域中抽取相关的知识单元组成课程，但最后形成的课程体系应覆盖知识/技能体系的知识单元，尤其是核心知识/技能单元。

专业课程体系由核心课程和选修课程组成，核心课程应该覆盖知识/技能体系中的全部核心单元。同时，各院校可选择一些选修知识/技能单元和反映学校特色的知识/技能单元构建选修课程。

倡导工学结合、理实一体的课程模式，但实践教学也应形成由基础训练、综合训练、顶岗实习构成的完整体系。

9 专业办学基本条件和教学建议

9.1 专业教学团队

1. 专业带头人

本专业带头人 1～2 名（校内至少 1 人），应有高级职称，并具备较高的教学水平和实践能力，具有行业企业技术服务或技术研发能力，在本行业及专业领域具有一定的影响力。能够主持专业建设规划、教学方案设计、专业建设工作，专业带头人必须是"双师素质"教师。

2. 师资数量

本专业生师比不大于 22：1，应为室内设计、环境设计、建筑学、土木工程、工程管理或相近专业毕业，专任教师不少于 5 人。

3. 师资水平及结构

（1）专业理论课教师应具有本科以上学历，实训教师应具有专科以上学历，兼职理论课教师应具有中级以上职称，兼职实训教师应具有中级以上技能等级证书。

（2）专任教师中具有硕士学位的教师占专任教师的比例不低于 5％，高级职称不少于 20％。

（3）双师素质教师比例不低于 50％，兼职教师任课比例不低于 35％。

9.2 教学设施

1. 校内实训条件（见表 51）

表中实训设备及场地按一个教学班（30～40 人）同时训练计算。

序号	实践教学项目	主要设备、设施名称	单位	数量	实训室（场地）面积（m²）	备注
1	1. 建筑装饰材料、构造与施工工艺认知	金属、木制品材料展示	项	1	建筑装饰材料、构造与工艺展示室 不小于300m²	校内完成、必做项目
		软制品材料展示	项	1		
		五金、胶、油漆材料展示	项	1		
		建筑材料展示	项	1		
		灯具、电器材料展示	项	1		
		顶棚工程施工构造及工艺展示	项	1		
		墙面施工构造及工艺展示	项	1		
		地面施工构造及工艺展示	项	1		
		门窗施工构造及工艺展示	项	1		
		隔断施工构造及工艺展示	项	1		
		幕墙材料、构造及工艺展示	项	1		
2	2. 木作装饰技能实训 3. 金属装饰制作安装技能实训 4. 装饰涂裱技能实训 5. 装饰镶贴技能实训	手工刨削工具及配件	套	8	装饰装修操作技能实训室 不小于120m²	校内完成、必做项目
		木工雕刻机	台	8		
		钉枪	把	8		
		木工联合机床	台	8		
		钢材机	台	8		
		电焊机及配件	套	8		
		气动圆盘打磨器	台	8		
		空气压缩机	台	8		
		手工锯割工具	套	8		
		台钳	台	8		
		喷枪	把	8		
		弹涂喷枪	把	8		
		印花橡胶辊	套	8		
		抛光、角磨机	台	8		
		手工小工具	套	8		
3	6. 顶棚装饰施工实训 7. 墙柱面装饰施工实训 8. 轻质隔墙施工实训 9. 门窗制作与安装实训 10. 楼地面装饰施工实训 11. 楼梯及扶栏装饰施工实训	钢材机	台	1	建筑装饰施工技术实训室 不小于120m²	校内完成、必做项目
		激光投线仪	台	2		
		手电钻	把	8		
		电锤	把	8		
		码钉枪	把	8		
		钉枪	把	8		
		手提电圆锯	把	8		
		空气压缩机	台	8		
		石材切割机	台	8		
		木工联合机床	台	1		
		修边机	台	8		
		铁艺弯花机	套	1		
		手工工具	套	8		

序号	实践教学项目	主要设备、设施名称	单位	数量	实训室（场地）面积（m²）	备注
4	12. 室内陈设制作与安装实训	电脑	台	20	室内陈设制作与安装实训室 不小于 70m²	校内完成、必做项目
		小型雕刻机	台	2		
		曲线锯	台	4		
		手电钻	把	8		
		保鲜柜	台	1		
		投影仪、桌椅、资料等	套	1		
5	13. 建筑装饰施工图绘制实训 14. 建筑装饰效果图制作实训	电脑	台	40	建筑装饰设计实训室 不小于 70m²	13 校内完成、必做项目 14 选择项目
		打印机	台	1		
		投影仪、桌椅、资料等	套	1		
		扫描仪	台	1		
		计算机绘图软件（网络版）	套	1		
6	15. 建筑装饰工程计量与计价实训 16. 建筑装饰工程招投标与合同管理实训 17. 建筑装饰工程项目管理实训 18. 建筑装饰工程信息管理实训	电脑	台	40	建筑装饰工程信息与管理实训室 不小于 70m²	15、16 校内完成、必做项目 17、18 选择项目
		预算电算化软件（网络版）	套	1		
		施工组织设计软件（网络版）	套	1		
		工程文档管理软件（网络版）	套	1		
		投影仪、桌椅、资料等	套	1		
		资料柜	个	8		
		打印机	台	1		
7	19. 建筑装饰工程质量检验与检测实训	质量检验与检测工具	套	8	建筑装饰工程质量检验与检测实训室 不小于 100m²	校内完成、必做项目
		投影仪、桌椅、资料等	套	1		
		施工现场环境	套	1		
8	20. 水暖电安装实训	万用表	台	8	设备安装实训室 不小于 100m²	校内完成、必做项目
		电锤	把	8		
		电钻	把	8		
		管钳	把	8		
		台钳	台	8		
		手工工具	套	8		
		切割机	台	2		
9	21. 幕墙装饰施工实训	钢材机	台	1	幕墙装饰施工实训室 不小于 100m²	拓展项目
		电焊机及配件	套	8		
		电动角向磨光机	台	8		
		台钳	台	8		
		拉铆枪	把	8		
		电钻	把	8		
		台钻	台	4		
		型材切割机	台	4		
		手工小工具	套	8		
		操作台	个	4		

2. 校外实训基地的基本要求（见表 52）

校外实训基地的基本要求 表 52

序号	实践教学项目	对校外实训基地的要求	备 注
1	专业认知	1. 满足对建筑装饰材料较全面的认知要求； 2. 满足对办公、家居、酒店等家具的认知要求； 3. 满足对各工作岗位的认知要求	装饰材料市场 家具市场 装饰公司
2	生产实习	1. 满足装饰工程施工图识读、绘制实习要求； 2. 满足对装饰工程设计流程，设计资料和设计文件实习的要求； 3. 满足对装饰工程施工过程、施工进度、工程施工组织设计的实习要求	装饰设计公司 装饰工程项目部
3	顶岗实习	1. 满足对建筑装饰工程设计的实习要求； 2. 满足对建筑装饰工程施工管理的实习要求； 3. 满足对建筑装饰工程预算的实习要求； 4. 满足对建筑装饰工程监理的实习要求	装饰设计公司 装饰工程公司 工程监理公司

校外有稳定、能满足专业实践教学要求并宜对学生实施轮岗实训的实习基地，并配置专业人员指导学生实训，和主要用人单位建立有长期稳定的工学结合关系。

3. 信息网络教学条件：有多媒体教学设备和配套适用的信息网络教学系统。

9.3 教材及图书、数字化（网络）资料等学习资源

1. 教材

教材能较好地体现教学大纲的科学性、思想性和实践性，反映建筑装饰行业企业最新技术发展水平，符合学生的接受能力。

2. 图书及数字化资料

（1）有建筑装饰类的专业书籍 8000 册以上（含电子图书），并不少于 60 册/生，种数不少于 200 种。

（2）有建筑装饰类的专业期（报）刊 5 种以上。

（3）有齐全的建筑装饰类的法律法规文件资料和规范规程，并能及时更新、充实。

（4）有一定的技术情报资料和一定数量的专业技术资料，有专业教学必备的教学图纸。

（5）有一定数量的教学录像带、光盘、幻灯片、视听教材、多媒体教学课件、课程网站等资料和网络信息资源，并不断更新、充实其内容和数量，年更新率在 20% 以上。

9.4 教学方法、手段与教学组织形式建议

教学方法：以建筑装饰工程施工任务为载体，基于工作过程进行课程开发和学习情境构建，符合工作过程和建筑装饰工程施工的流程，有明确的目标（标准、规程）或施工产

品（实物），老师要根据学生特点，积极开展讨论式、案例式、情境式的教学，把课程讲授与工程实践相结合，构建并有效运行"工学交替、项目教学"模式，学生角色扮演、团队合作，融"教、学、做"为一体。

教学手段：传统教学手段和现代信息技术手段交互。利用网络教学平台，将课程资源实现数字化，共享课程资源；利用多媒体技术，激发学生学习兴趣，满足学生自主学习需要。

教学组织：在教学组织中聘请行业和企业专家、工程技术人员参与教学，以建筑装饰工程中天棚装饰施工、墙柱面装饰施工、楼地面装饰施工等典型工作任务为载体，按照建筑装饰工程施工流程和工作过程组织教学。教学目标符合国家标准和操作规程，施工产品可见。教师采用行动导向教学等灵活的方法，实现"做中学，学中做"理论实践一体化的教学。

教学过程中突出以学生为主体，激发学习的主动性和创新意识。学生在实践前明确每个实践模块的目的、内容、要求；实践过程中要有步骤，做到认真观察，做好记录，勤于训练，善于分析；实践结束后及时写出实践报告，写出心得和独到见解，分析不足并改进方法。

9.5 教学评价、考核建议

建筑装饰工程技术专业工学结合人才培养模式和课程体系的建立，对考核标准和方式提出了新的要求。其考核应具有全面性、整体性，以学生学习新知识及拓展知识的能力、运用所学知识解决实际问题的能力、创新能力和实践能力的高低作为主要考核标准。考核方式可分为：

（1）工作过程导向的职业岗位课程可采取独立、派对和小组的形式完成，重在对具体工作任务的计划、实施和评价的全过程考查，涵盖各个阶段的关联衔接和协作分工等内容，可通过工作过程再现、分工成果展示、学生之间他评、自评、互评相结合等方式进行评价（见表53）。

（2）专业认知、生产实习、顶岗实习等课程可重在对学习途径和行动结果的描述，包括关于学习计划、时间安排、工作步骤和目标实现的情况等内容，可通过工作报告、成果展示、项目答辩等形式，采用校内老师评价与企业评价相结合的方式进行评价。

职业岗位课程考核与评价表 　　　　　　　　表 53

考核类别		考核方法		比　例
过程考核	学习态度、纪律	上课及实训态度、团队协作精神等平时记录成绩	教师评价	10
	项目实践过程	项目信息采集与分析	教师评价占60% 小组互评20% 学生自评占20%	10
		方案设计与表达		10
		任务分工与实施		20
		项目检查与验收		10

考核类别		考核方法	比 例
结果考核	项目成果	项目设计方案	10
		项目实施方案	10
		项目制作成品	20
合 计			100

教师（业主）评价占 60%，小组互评占 20%，学生自评占 20%

（3）工学结合的职业拓展课程可重在对岗位综合能力及其相关专业知识间结构关系的揭示以及相关项目的演示，涉及创造性、想象力、独到性和审美观的内容，可通过成果展示、项目阐述等方式采用发展性评价与综合性评价相结合进行评价。

9.6 教学管理

加强各项教学管理规章制度建设，教学管理文件规范。完善教学质量监控与保障体系；形成教学督导、教师、学生、社会教学评价体系以及完整的信息反馈体系；建立可行的激励机制和奖惩制度；加强对毕业生质量跟踪调查和收集企业对专业人才需求反馈的信息。同时针对不同生源特点和各校实际，明确教学管理重点，制定管理模式。

10 继续学习深造建议

本专业毕业生可通过应用本科教育和专业硕士教育等渠道继续学习，接受更高层次教育，可选择环境设计、建筑学、工程管理等专业。

建筑装饰工程技术专业教学
基本要求实施示例

1 构建课程体系的架构与说明

以建筑装饰工作过程为导向、理论与实践相结合、专业教育与职业素质教育相结合的适合开展工学结合的课程体系。

根据建筑装饰专业对应岗位群的公共技能和素质要求，确定 10 门职业基础课程；根据建筑装饰施工员核心岗位的工作任务与要求，参照相关的职业资格标准，按照建筑装饰项目工程工作过程（见附图 1）开发确定 8 门职业岗位课程；根据专业对应岗位群的工作任务与程序，充分考虑学生的岗位适应能力和职业迁移能力，确定 7 门职业拓展课程（见附图 2）。

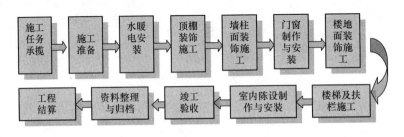

附图 1 建筑装饰工程工作过程

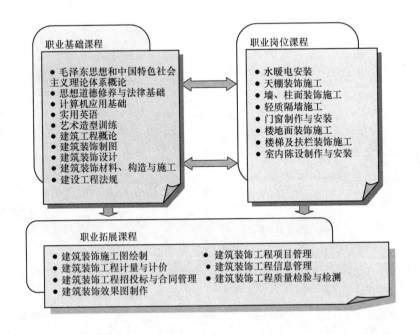

附图 2 建筑装饰工程技术专业课程体系架构图

2 专业核心课程简介（见附表1～附表5）

<table>
<tr><td colspan="4" style="text-align:center">顶棚装饰施工课程简介　　　　　　　　　　　　　　附表1</td></tr>
<tr><td>课程名称</td><td>顶棚装饰施工</td><td>学时</td><td>理论20学时、实践40学时</td></tr>
<tr><td>教学目标</td><td colspan="3">1. 专业能力目标：通过本门课程的学习，掌握顶棚装饰装修工程施工准备的内容，根据个案能进行材料、机具、人力准备；掌握顶棚装饰装修工程的施工工艺、施工要点、质量通病防范等；掌握顶棚装饰装修工程质量验收标准，会进行质量检验；掌握顶棚装修工程质量验收标准，会进行质量检验；能够进行技术资料管理，整理相关的技术资料；能够处理现场出现的问题，提高解决问题的能力；
2. 方法能力目标：通过本门课程的学习，培养学生具备最基本的收集资料和对工程问题进行处理的能力，发现问题、独立自主的分析问题和解决问题的能力；工程技术规范应用的能力；施工方案设计和施工实现的能力；工程验收和整改的能力；技术资料整理能力；项目总结和对数据进行处理的能力；自我学习的能力；
3. 社会能力目标：通过该门课的学习，不仅培养学生具备最基本的职业素养和敬业精神、自主学习和独立处理问题的能力，而且重在培养学生的团队协作能力、与甲方、监理等沟通交流协调的能力；"吃苦耐劳、团结协作、严谨规范、精心施工"的职业素养</td></tr>
<tr><td rowspan="3">教学内容</td><td>单元名称</td><td colspan="2">主要教学内容</td></tr>
<tr><td>明龙骨吊顶</td><td colspan="2">T型龙骨矿棉（石膏、硅钙）板吊顶施工、金属龙骨玻璃采光吊顶施工</td></tr>
<tr><td>暗龙骨吊顶</td><td colspan="2">木龙骨木饰面板吊顶、轻钢龙骨金属方板吊顶、金属龙骨铝塑板吊顶、轻钢龙骨纸面石膏板吊顶</td></tr>
<tr><td>教学方法建议</td><td colspan="3">以小组（5～6人）为单位，每个学生既是工人，又担任不同岗位职责，不同项目之间小组成员岗位互换，在实训基地按照真实工作环境完成项目任务，发挥团队的合作精神。
1. 老师提供施工方案图纸及任务书；
2. 学生识读方案图纸，了解构造做法，完成图纸深化设计，小组成员进行图纸会审，复习相关施工知识，提出问题，在老师的帮助下找出解决问题的方法；
3. 在老师的指导下学生完成材料、机具的计划；
4. 在老师的指导下完成施工方案的编写；
5. 老师扮演监理和甲方，学生扮演施工乙方，组织施工，按照图纸完成施工内容（技术交底－施工准备－测量放线－材料下料－施工－检验等）；
6. 学生完成施工中技术资料的整理及工程质量的验收；
7. 学生在老师指导下完成成本核算；
8. 对其他材料的施工，老师提出把握要点，学生自己思考，以自学为主</td></tr>
<tr><td>教学条件</td><td colspan="3">1. 教学媒体：教学课件、项目录像、图纸、标准图集、国家现行规范及标准、图书资料、工程实例、多媒体教学设备、网络教学资源、工作任务单、评价表等；
2. 教学场景：建筑装饰材料构造工艺展示室、建筑装饰施工技术实训室；
3. 工具设备：多媒体设备、绘图工具、施工工具、检验工具等；
4. 教师配备：专业教师1人、工人技师1人</td></tr>
<tr><td>考核评价要求</td><td colspan="3">1. 成果形式：技术资料、项目实训成果、汇报PPT；
2. 评价方式：按五级记分制（优、良、中、及格、不及格），学生自评、小组互评、汇报及答辩、教师评价或技师评价的方式，以过程考核为主；
3. 考核标准：技术资料完整，填写规范；操作过程规范性；项目成果的质量；质量检验的规范性和正确性；团队协作精神；知识点的掌握</td></tr>
</table>

课程名称		墙、柱面装饰施工	学时	理论 20 学时、实践 60 学时
教学目标				

<table>
<tr><td rowspan="1">课程名称</td><td colspan="2">墙、柱面装饰施工</td><td>学时</td><td>理论 20 学时、实践 60 学时</td></tr>
<tr><td rowspan="3">教学
目标</td><td colspan="4">1. 专业能力目标：通过本课程的学习，掌握墙柱面装饰装修工程施工的内容，根据个案能够进行材料、机具、人力准备；能够根据墙柱面装饰装修工程的施工工艺、施工要点、质量通病防范等知识编制具体的施工技术方案并组织施工；能够按照墙柱面装饰装修工程质量验收标准，进行工程的质量检验；能够进行技术资料管理，整理相关的技术资料；能够处理现场出现的问题，提高解决问题的能力；</td></tr>
<tr><td colspan="4">2. 方法能力目标：通过本门课程的学习，培养学生具备最基本的收集资料和对工程问题进行处理的能力，发现问题、独立自主的分析问题和解决问题的能力；工程技术规范应用的能力；施工方案设计和施工实现的能力；工程验收和整改的能力；技术资料整理能力；项目总结和对数据进行处理的能力；自我学习的能力；</td></tr>
<tr><td colspan="4">3. 社会能力目标：通过该门课的学习，不仅培养学生具备最基本的职业素养和敬业精神、自主学习和独立处理问题的能力，而且重在培养学生的团队协作能力、与甲方、监理等沟通交流协调的能力；"吃苦耐劳、团结协作、严谨规范、精心施工"的职业素养</td></tr>
<tr><td rowspan="7">教学
内容</td><td colspan="2">单元名称</td><td colspan="2">主要教学内容</td></tr>
<tr><td colspan="2">墙柱面装饰施工基础知识</td><td colspan="2">施工依据、识读图纸，技术资料内容、施工阶段划分及组织安排等</td></tr>
<tr><td colspan="2">墙柱面块材面层施工</td><td colspan="2">室外墙柱面墙砖饰面施工、室内墙柱面装饰墙砖饰面施工、室内墙柱面陶瓷锦砖饰面施工</td></tr>
<tr><td colspan="2">墙柱面板材面层施工</td><td colspan="2">墙柱面石材饰面施工、墙柱面木质饰面板施工、墙柱面金属饰面板施工</td></tr>
<tr><td colspan="2">墙柱面裱糊、软包施工</td><td colspan="2">墙柱面裱糊施工、墙柱面软包（硬包）施工</td></tr>
<tr><td colspan="2">墙柱面涂饰面层施工</td><td colspan="2">内墙柱面木饰面涂饰施工、内墙柱面乳胶漆涂饰施工、外墙柱面乳胶漆涂饰施工</td></tr>
<tr><td colspan="2">建筑幕墙施工</td><td colspan="2">石材幕墙施工、玻璃幕墙施工（全隐）、金属幕墙施工</td></tr>
<tr><td rowspan="1">教学
方法
建议</td><td colspan="4">以小组为单位，在实训基地按照真实工作环境完成任务，发挥团队的合作精神。
1. 老师提供完整的施工图纸和施工方案；
2. 学生通过识读图纸，图纸的深化设计，了解墙柱面施工的材料、构造，进行图纸会审，提出问题，在老师的帮助下找出解决问题的方法；
3. 在老师的指导下学生完成材料、机具的计划；
4. 在老师的指导下阅读施工方案；
5. 老师扮演监理和甲方，学生扮演施工乙方，组织施工，按照图纸完成施工内容（技术交底－施工准备－测量放线－材料下料－施工－检验等）；
6. 学生完成施工中技术资料的整理及工程质量的验收；
7. 学生完成成本核算；
8. 对于实训内容以外的项目，老师提出把握要点，学生自己思考，以自学为主</td></tr>
<tr><td rowspan="1">教学
条件</td><td colspan="4">1. 教学媒体：教学课件、项目录像、图纸、标准图集、国家现行规范及标准、图书资料、工程实例、多媒体教学设备、网络教学资源、工作任务单、评价表等；
2. 教学场景：建筑装饰材料构造工艺展示室、建筑装饰施工技术实训室；
3. 工具设备：多媒体设备、绘图工具、施工工具、检验工具等；
4. 教师配备：专业教师 1 人、工人技师 1 人</td></tr>
<tr><td rowspan="1">考核
评价
要求</td><td colspan="4">1. 成果形式：技术资料、项目实训成果、汇报 PPT；
2. 评价方式：按五级记分制（优、良、中、及格、不及格），学生自评、小组互评、汇报及答辩、教师评价或技师评价的方式，以过程考核为主；
3. 考核标准：技术资料完整，填写规范；操作过程规范性；项目成果的质量；质量检验的规范性和正确性；团队协作精神；知识点的掌握</td></tr>
</table>

楼地面装饰施工课程简介

课程名称		楼地面装饰施工	学时	理论 20 学时、实践 40 学时
教学目标		1. 专业能力目标：通过本课程学习，培养学生具有室内楼地面的设计与施工的职业技能，能够熟读施工图，正确进行楼地面材料的选择、构造设计和施工；能够根据室内外空间独立设计楼地面，并进行施工及现场管理；能客观制订施工质量和安全保障措施，独立完成施工质量检查及验收，对一般缺陷能识别并能解决； 2. 方法能力目标：通过本课程学习，培养学生能够根据项目要求，获取专业信息，客观分析问题，编制实施方案；根据项目现场实际，优化设计方案和材料、构造设计；根据工艺要求，确定制作方法，落实制作方案；根据行业规范，系统检查制度方法，贯彻规范标准；根据验收条目，进行质量检查，规范整理制作资料，完成项目验收与交接； 3. 社会能力目标：通过本课程的学习，培养学生具备一定的设计创新能力，能自主学习、独立分析问题和解决问题的能力；具有较强的与客户交流沟通的能力、良好的语言表达能力；具有严谨的工作态度和团队协作、吃苦耐劳的精神，爱岗敬业、遵纪守法，自觉遵守职业道德和行业规范		
教学内容		单元名称		主要教学内容
		块料面层施工		釉面瓷砖面层装饰施工、石材面层装饰施工
		竹木面层施工		实铺式木地板安装施工、粘贴式木地板安装施工
		软质材料面层施工		地毯面层装饰施工
		玻璃面层施工		透光面层装饰施工
教学方法建议		1. 在建筑装饰施工技术实训室或项目现场采集信息、参观样板、现场勘测、功能分析、分组讨论、教师启发，采取案例教学和问题导向学习； 2. 在建筑装饰施工技术实训室分组设计，查阅资料、方案分析、细部构造设计与施工图绘制，教师启发，采取项目教学； 3. 分组制订实施方案，确定任务分工，教师与学生交流，采取团队训练教学； 4. 在装饰施工技术实训室或项目现场分组实施楼地面装饰施工，教师监督； 5. 角色扮演，完成质量检验与成品验收，教师检查； 6. 成果评价，小组自评、小组之间交互评、教师评析		
教学条件		1. 教学媒体：教学课件、图纸、标准图集、国家现行规范及标准、图书资料、工程实例、多媒体教学设备、网络教学资源、工作任务单等； 2. 教学场景：项目现场、建筑装饰施工技术实训室； 3. 工具设备：多媒体设备、设计绘图设备； 4. 教师配备：专业教师 1 人、工人技师 1 人		
考核评价要求		1. 成果形式：项目设计方案、项目实训成果、汇报 PPT； 2. 评价方式：按五级记分制（优、良、中、及格、不及格），学生自评、小组互评、教师评价或业主评价的方式，以过程考核为主； 3. 考核标准：技术资料完整，填写规范；操作过程规范性；项目成果的质量；质量检验的规范性和正确性；团队协作精神；知识点的掌握		

课程名称	楼梯及扶栏装饰施工	学时	理论 20 学时、实践 40 学时

教学目标	1. 专业能力目标：通过本课程学习，培养学生具有室内小型楼梯及扶栏的设计、制作与安装的职业技能，能够熟读楼梯设计与制作图，正确进行楼梯饰面材料的选择、构造设计和施工；能够根据室内空间独立设计楼梯及扶栏，并进行施工及现场管理；能客观制订施工质量和安全保障措施，独立完成施工质量检查及验收，对一般缺陷能识别并能解决； 　　2. 方法能力目标：通过本课程学习，培养学生能够根据项目要求，获取专业信息，客观分析问题，编制实施方案；根据项目现场实际，优化设计方案和材料、构造设计；根据工艺要求，确定制作方法，落实制作方案；根据行业规范，系统检查制度方法，贯彻规范标准；根据验收条目，进行质量检查，规范整理制作资料，完成项目验收与交接； 　　3. 社会能力目标：通过对本课程的学习，培养学生具备一定的设计创新能力，能自主学习、独立分析问题和解决问题的能力；具有较强的与客户交流沟通的能力、良好的语言表达能力；具有严谨的工作态度和团队协作、吃苦耐劳的精神，爱岗敬业、遵纪守法，自觉遵守职业道德和行业规范

教学内容	单元名称	主要教学内容
	木楼梯安装施工	办公空间 L 形实木楼梯安装施工、别墅空间 U 形实木楼梯安装施工
	钢楼梯安装施工	别墅室内弧形钢楼梯安装施工
	玻璃楼梯安装施工	小型商铺玻璃楼梯安装施工
	楼梯饰面施工	教学楼釉面砖楼梯饰面施工、办公楼花岗石台阶饰面施工、快捷酒店楼梯地毯饰面施工
	木扶栏施工	木栏杆的安装
	金属扶栏施工	金属花格栏杆的制作、不锈钢扶栏的安装

教学方法建议	1. 在建筑装饰施工技术实训室或项目现场采集信息、参观样板、现场勘测、功能分析、分组讨论、教师启发，采取案例教学和问题导向学习； 　　2. 在建筑装饰施工技术实训室分组设计，查阅资料、方案分析、细部构造设计与施工图绘制，教师启发，采取项目教学； 　　3. 分组制订实施方案，确定任务分工，教师与学生交流，采取团队训练教学； 　　4. 在装饰施工技术实训室或项目现场分组实施楼梯的放线与安装，教师监督； 　　5. 角色扮演，完成质量检验与成品验收，教师检查； 　　6. 成果评价，小组自评、小组之间交互评、教师评析

教学条件	1. 教学媒体：教学课件、图纸、标准图集、国家现行规范及标准、图书资料、工程实例、多媒体教学设备、网络教学资源、工作任务单等； 　　2. 教学场景：项目现场、建筑装饰施工技术实训室； 　　3. 工具设备：多媒体设备、设计绘图设备、施工设备； 　　4. 教师配备：专业教师 1 人、工人技师 1 人

考核评价要求	1. 成果形式：项目设计方案、项目实训成果、汇报 PPT； 　　2. 评价方式：按五级记分制（优、良、中、及格、不及格），学生自评、小组互评、教师评价或业主评价的方式，以过程考核为主； 　　3. 考核标准：技术资料完整，填写规范；操作过程规范性；项目成果的质量；质量检验的规范性和正确性；团队协作精神；知识点的掌握

课程名称	室内陈设制作与安装	学时	理论 20 学时、实践 40 学时

教学目标	1. 专业能力目标：通过本课程学习，培养学生具有室内陈设的设计、制作与安装的职业技能，能够熟读家具设计与制作图，正确进行室内家具的选择、布置和固定家具的材料、构造设计与制作；能够根据室内环境独立开展室内饰品的选择、安装和室内标识的设计、制作；能够根据室内空间独立进行室内绿化设计、制作与布置；能客观制订施工质量和安全保障措施，独立完成施工质量检查及验收，对一般缺陷能识别并能解决； 2. 方法能力目标：通过本课程学习，培养学生能够根据项目要求，获取专业信息，客观分析问题，编制实施方案；根据项目现场实际，优化设计方案和材料、构造设计；根据工艺要求，确定制作方法，落实制作方案；根据行业规范，系统检查制度方法，贯彻规范标准；根据验收条目，进行质量检查，规范整理制作资料，完成项目验收与交接； 3. 社会能力目标：通过对本课程的学习，培养学生具备一定的洞悉陈设潮流的敏感性和设计创新能力，能自主学习、独立分析问题和解决问题的能力；具有较强的与客户交流沟通的能力、良好的语言表达能力；具有严谨的工作态度和团队协作、吃苦耐劳的精神，爱岗敬业、遵纪守法，自觉遵守职业道德和行业规范

	单元名称	主要教学内容
教学内容	室内家具的选择与布置	客厅家具选择与布置、卧室家具选择与布置、会议室家具选择与布置
	室内固定家具制作	壁柜制作与安装、厨房橱柜制作与安装、吧台制作与安装
	室内饰品陈设选择与布置	居室空间饰品选择与布置、办公空间饰品选择与布置
	室内装饰织物选择与布置	居室装饰织物选择与布置、办公空间装饰织物选择与布置
	室内标识制作与安装	标识牌制作与安装、指示灯箱制作与安装
	室内绿化制作与布置	居室空间插花与植物布置、办公空间插花与植物布置、餐饮空间插花与植物布置

教学方法建议	1. 在装饰施工实训室或项目现场采集信息、参观样板、现场勘测、功能分析、分组讨论、教师启发，采取案例教学和问题导向学习； 2. 在室内陈设制作与安装实训室分组设计，查阅资料、方案分析、教师启发，采取项目教学； 3. 分组制订实施方案，确定人员任务分工，教师与学生交流，采取团队训练教学； 4. 在装饰施工实训室或项目现场分组实施或工作室虚拟实施，教师监督； 5. 角色扮演，学生小组自查、教师检查； 6. 成果评价，小组自评、小组之间交互评、教师评析

教学条件	1. 教学媒体：教学课件、项目录像、图纸、标准图集、国家现行规范及标准、图书资料、工程实例、多媒体教学设备、网络教学资源、工作任务单等； 2. 教学场景：室内陈设制作与安装实训室、建筑装饰施工技术实训室、项目现场； 3. 工具设备：多媒体教学设备、设计绘图设备、陈设制作与安装工具； 4. 教师配备：专业教师 1～2 人、实训教师 1～2 人

考核评价要求	1. 成果形式：项目设计方案、实施方案、项目完成成品与实景； 2. 评价方式：按五级记分制（优、良、中、及格、不及格），学生自评、小组互评、教师评价或业主评价的方式，以过程考核为主； 3. 考核标准：设计方案的创新性和风格、尺度的把握，实施方案的可行性和布置安装的准确性，检查验收的规范性和正确性

3 教学进程安排及说明

1. 专业教学进程安排

建筑装饰工程技术专业教学进程安排表　　　　　　　附表6

课程类别	序号	课程名称	学时			课程按学期安排					
			理论	实践	合计	一	二	三	四	五	六
		一、文化基础课									
	1	思想道德修养与法律基础	48		48	√					
	2	毛泽东思想与中国特色社会主义理论体系概论	64		64		√				
	3	形势与政策	16		16			√			
	4	国防教育与军事训练	36		36				√		
	5	英语	90	30	120	√	√				
	6	体育	30	80	110	√	√	√			
	7	高等数学	60	10	70		√				
	8	计算机应用基础	45	45	90		√				
		小计	389	165	554						
		二、专业课									
必修课	1	艺术造型训练	70	170	240	√	√				
	2	建筑工程概论	70	20	90	√					
	3	建筑装饰制图	60	50	110	√	√				
	4	建筑装饰设计	50	30	80			√			
	5	建筑装饰材料、构造与施工	70	30	100		√	√			
	6	建设工程法规	30		30			√			
	7	水暖电安装 *	10	30	40			√			
	8	顶棚装饰施工 * ★	20	40	60			√			
	9	墙、柱面装饰施工 * ★	20	60	80			√			
	10	轻质隔墙施工 *	10	30	40			√			
	11	门窗制作与安装 *	10	30	40				√		
	12	楼地面装饰施工 * ★	20	40	60				√		
	13	楼梯及扶栏装饰施工 * ★	20	40	60				√		
	14	室内陈设制作与安装 * ★	20	40	60				√		
	15	建筑装饰效果图制作 *	50	40	90					√	
	16	建筑装饰施工图绘制 *	40	50	90					√	
	17	建筑装饰工程计量与计价 *	50	50	100				√	√	
	18	建筑装饰工程招投标与合同管理 *	30	20	50					√	
	19	建筑装饰工程项目管理 *	40	10	50					√	
	20	建筑装饰工程信息管理 *	40	10	50					√	
	21	建筑装饰工程质量检验与检测 *	20	20	40					√	
		小计	750	810	1560						

课程类别	序号	课程名称	学时			课程按学期安排					
			理论	实践	合计	一	二	三	四	五	六
选修课		三、限选课									
	1	建筑装饰表现技法	20	20	40			√			
	2	建筑装饰简史	20	20	40			√			
	3	三维设计软件	20	40	60				√		
	4	建筑幕墙施工	20	40	60				√		
	5	洽谈艺术	40		40					√	
	6	建筑节能技术	40		40					√	
		小计	80	60	140						
		四、任选课	70		70						
		小计	70		70						
		合计	1289	1035	2324						

注：1. 标注★的课程为专业核心课程。

2. 标注"＊"表示为工学结合课程。

3. 限选课为6门选3门。

4. 任选课为公共艺术类和人文、社科类素质教学课，一般选学2～4门，不低于70学时。

2. 实践教学安排

建筑装饰工程技术专业实践教学安排表　　　　附表7

序号	项目名称	教学内容	对应课程	学时	实践项目按学期安排					
					一	二	三	四	五	六
1	专业认知	专业认知	专业认知	30	√					
2	风景写生	风景写生	艺术造型训练	30			√			
3	建筑装饰材料、构造与施工工艺认知	建筑装饰材料、构造与施工工艺认知	建筑装饰材料、构造与施工	(30)		√	√			
4	木作装饰技能实训	普通木构件的加工	装饰装修操作技能训练	15		√				
5	金属装饰制作安装技能实训	1. 金属线材、型材、板材的分割、连接训练 2. 金属制品的加工制作训练		15		√				
6	装饰涂裱技能实训	1. 溶剂型材料涂刷训练 2. 乳液型材料涂刷训练 3. 壁纸裱糊		15		√				
7	装饰镶贴技能实训	1. 墙面块料面层镶贴 2. 地面块料面层镶贴		15		√				

序号	项目名称	教学内容	对应课程	学时	实践项目按学期安排					
					一	二	三	四	五	六
8	生产实习1	校外企业实境训练		90		√				
9	水暖电安装实训	1. 给排水工程、供暖工程、电气工程施工 2. 质量检验	水暖电安装	(30)			√			
10	顶棚装饰施工实训	1. 明龙骨吊顶、暗龙骨吊顶施工 2. 质量检验	天棚装饰施工	(40)			√			
11	墙柱面装饰施工实训	1. 墙柱面块料面层、饰面板面层、软包面层装饰施工 2. 质量检验	墙柱面装饰施工	(60)			√			
12	轻质隔墙施工实训	1. 骨架式、块材式、板材式隔墙施工 2. 质量检验	轻质隔墙施工	(30)			√			
13	门窗制作与安装实训	1. 木门窗、金属门窗、塑料门窗制作与安装 2. 特种门安装 3. 质量检验	门窗制作与安装	(30)				√		
14	楼地面装饰施工实训	1. 块料面层、竹木面层、软质材料面层、玻璃面层施工 2. 质量检验	楼地面装饰施工	(40)				√		
15	楼梯及扶栏装饰施工实训	1. 木楼梯、钢楼梯、玻璃楼梯安装施工 2. 楼梯饰面施工 3. 木扶栏、金属扶栏施工 4. 质量检验	楼梯及扶栏装饰施工	(40)				√		
16	室内陈设制作与安装实训	1. 室内家具、室内饰品陈设、室内装饰织物选择与布置 2. 室内固定家具、室内标识制作与安装 3. 室内绿化制作与布置	室内陈设制作与安装	(40)				√		
17	建筑装饰施工图绘制实训	1. 中小型空间建筑装饰施工图绘制 2. 根据中小型空间施工图，模拟施工现场进行深化设计 3. 建筑装饰竣工图绘制 4. 图纸会审	建筑装饰施工图绘制	(50)					√	

序号	项目名称	教学内容	对应课程	学时	实践项目按学期安排					
---	---	---	---	---	一	二	三	四	五	六
18	建筑装饰工程计量与计价实训	1. 装饰工程工程量清单计量与计价 2. 装饰工程施工图预算 3. 装饰工程施工预算 4. 装饰工程竣工结算	建筑装饰工程计量与计价	(50)					√	
19	建筑装饰工程招投标与合同管理实训	1. 建筑装饰工程招标文件编制实训 2. 建筑装饰工程投标文件编制实训 3. 建筑装饰工程合同签订与管理实训	建筑装饰工程招投标与合同管理	(20)					√	
20	建筑装饰效果图制作实训	1. 简约客厅效果图制作实训 2. 咖啡厅效果图制作实训 3. 会议室效果图制作实训	建筑装饰效果图制作	(40)					√	
21	建筑装饰工程项目管理实训	1. 工程招投标 2. 图纸深化与施工交底 3. 施工组织设计与施工图预算编制 4. 项目经理部设置 5. 文明施工现场布置	建筑装饰工程项目管理	(10)					√	
22	建筑装饰工程信息管理实训	建筑装饰工程施工技术资料模拟实训	建筑装饰工程信息管理	(10)					√	
23	建筑装饰工程质量检验与检测实训	1. 常用检测工具使用实训 2. 材料的检验与监测 3. 某工程楼地面工程、墙柱面装饰工程、天棚装饰工程、其他装饰工程的质量检查与验收	建筑装饰工程质量检验与检测	(20)					√	
24	建筑幕墙施工实训	1. 骨架式玻璃幕墙施工实训 2. 石材幕墙施工实训	建筑幕墙施工	40				√		
25	生产实习2	校外企业实境训练		150				√		
26	顶岗实习	顶岗实习		480						√
合计				840 (580)						

注：1. 每周按 30 学时计算。

2. （ ）内学时为"专业教学进程安排表"内对应课程实践学时。

3. 教学安排说明

实行学分制的学校，修业年限可为 2～6 年。课程学分，理论课视课程难易程度和重要性每 13～20 学时计 1 学分，实践课每周计 1 学分。毕业总学分 150 学分左右。

建筑装饰工程技术专业校内实训及
校内实训基地建设导则

1 总　　则

1.0.1 为了加强和指导高职高专教育建筑装饰工程技术专业校内实训教学和实训基地建设，强化学生实践能力，提高人才培养质量，特制定本导则。

1.0.2 本导则依据建筑装饰工程技术专业学生的专业能力和知识的基本要求制定，是《高职高专教育建筑装饰工程技术专业教学基本要求》的重要组成部分。

1.0.3 本导则适用于建筑装饰工程技术专业校内实训教学和实训基地建设。

1.0.4 本专业校内实训与校外实训应相互衔接，实训基地与相关专业及课程实现资源共享。

1.0.5 建筑装饰工程技术专业的校内实训教学和实训基地建设，除应符合本导则外，尚应符合国家现行标准、政策的规定。

2 术　　语

2.0.1 实训

在学校控制状态下，按照人才培养规律与目标，对学生进行职业能力训练的教学过程。

2.0.2 基本实训项目

与专业培养目标联系紧密，且学生必须在校内完成的职业能力训练项目。

2.0.3 选择实训项目

与专业培养目标联系紧密，应当开设，但可根据学校实际情况选择在校内或校外完成的职业能力训练项目。

2.0.4 拓展实训项目

与专业培养目标相联系，体现学校和专业发展特色，可在学校开展的职业能力训练项目。

2.0.5 实训基地

实训教学实施的场所，包括校内实训基地和校外实训基地。

2.0.6 共享性实训基地

与其他院校、专业、课程共用的实训基地。

2.0.7 理实一体化教学法

即理论实践一体化教学法，将专业理论课与专业实践课的教学环节进行整合，通过设定的教学任务，实现边教、边学、边做。

3 校内实训教学

3.1 一般规定

3.1.1 建筑装饰工程技术专业必须开设本导则规定的基本实训项目，且应在校内完成。

3.1.2 建筑装饰工程技术专业应开设本导则规定的选择实训项目，且宜在校内完成。

3.1.3 学校可根据本校专业特色，选择开设拓展实训项目。

3.1.4 实训项目的训练环境宜符合建筑装饰工程的真实环境，营造浓厚企业文化。

3.1.5 本章所列实训项目，可根据学校所采用的课程模式、教学模式和实训教学条件，采取理实一体化教学或独立于理论教学进行训练；可按单个项目开展训练或多个项目综合开展训练。

3.2 基本实训项目

3.2.1 本专业的校内基本实训项目应包括建筑装饰材料、构造与施工工艺认知、木作装饰技能实训、金属装饰制作安装技能实训、装饰涂裱技能实训、装饰镶贴技能实训、水暖电安装实训、天棚装饰施工实训、墙柱面装饰施工实训、轻质隔墙施工实训、门窗制作与安装实训、楼地面装饰施工实训、楼梯及扶栏装饰施工实训、室内陈设制作与安装实训、建筑装饰施工图绘制实训、建筑装饰工程计量与计价实训、建筑装饰工程招投标与合同管理实训、建筑装饰工程质量检验与检测实训等17项。

3.2.2 本专业的基本实训项目应符合附表 3.2.2 的要求。

建筑装饰工程技术专业的基本实训项目　　　　　　　　附表 3.2.2

序号	实训名称	能力目标	实训内容	实训方式	评价要求
1	建筑装饰材料、构造与施工工艺认知	1. 能够掌握常用建筑装饰材料的性能、特点、规格及尺寸； 2. 能够掌握各分部的构造； 3. 能够阅读施工图，绘制建筑装饰施工图； 4. 能够掌握各分部的施工工艺流程和要点； 5. 可根据不同的空间要求选择各分部材料，能够进行质量检查和验收	1. 建筑装饰材料、设备材料认知； 2. 顶棚、墙面、地面、门窗、隔断、幕墙等构造及施工工艺认知	参观、识图、绘图、制订实施方案	根据材料选择的准确性，构造的合理性，施工工艺的可行性进行评价
2	木作装饰技能实训	1. 能够使用常用的木工工具与机具； 2. 能够测量放线，放大样； 3. 能够完成一般构件加工	一般木制品的加工制作	实操	根据实训过程、完成时间、实训结果、团队协作及实训后的场地整理进行评价

序号	实训名称	能力目标	实训内容	实训方式	评价要求
3	金属装饰制作安装技能实训	1. 能够使用常用的金属构件、加工工具与机具; 2. 能够测量放线,放大样; 3. 能够完成一般构件加工	1. 金属型材、板材的切割、连接训练; 2. 金属制品的加工制作训练	实操	根据实训过程、完成时间、实训结果、团队协作及实训后的场地整理进行评价
4	装饰涂裱技能实训	1. 能够使用常用的涂裱工具与机具; 2. 能够按照合理操作次序施工	1. 溶剂型材料涂刷训练; 2. 乳液型材料涂刷训练; 3. 壁纸裱糊	实操	根据实训过程、完成时间、实训结果、团队协作及实训后的场地整理进行评价
5	装饰镶贴技能实训	1. 能够使用常用的镶贴工具与机具; 2. 能够测量放线,放大样; 3. 能够完成墙面地面的镶贴	1. 墙面块料面层镶贴; 2. 地面块料面层镶贴	实操	根据实训过程、完成时间、实训结果、团队协作及实训后的场地整理进行评价
6	水暖电安装实训	1. 能够完成一般工程室内给排水系统安装; 2. 能够完成一般工程室内电气系统安装; 3. 能进行施工质量检查验收	1. 一般室内给排水工程、电气安装工程施工; 2. 质量检验	实操	根据学生实际操作的工艺过程、完成时间和结果进行评价,操作结果参照相应施工质量验收规范
7	顶棚装饰施工实训	1. 能完成顶棚施工; 2. 能进行施工质量检查验收	1. 明龙骨吊顶、暗龙骨吊顶施工; 2. 质量检验	实操	根据学生实际操作的工艺过程、完成时间和结果进行评价,操作结果参照相应施工质量验收规范
8	墙柱面装饰施工实训	1. 能完成墙柱面施工; 2. 能进行施工质量检查验收	1. 墙柱面块材面层、板材面层、软包施工; 2. 质量检验	实操	根据学生实际操作的工艺过程、完成时间和结果进行评价,操作结果参照相应施工质量验收规范
9	轻质隔墙施工实训	1. 能完成轻质隔墙的施工; 2. 能进行施工质量检查验收	1. 骨架式、块材式、隔墙施工; 2. 质量检验	实操	根据学生实际操作的工艺过程、完成时间和结果进行评价,操作结果参照相应施工质量验收规范

序号	实训名称	能力目标	实训内容	实训方式	评价要求
10	门窗制作与安装实训	1. 能完成木（金属）门窗的制作与安装； 2. 能进行施工质量检查验收	1. 木门（窗）安装、金属门窗制作与安装； 2. 质量检验	实操	根据学生实际操作的工艺过程、完成时间和结果进行评价，操作结果参照相应施工质量验收规范
11	楼地面装饰施工实训	1. 能完成常用楼地面装饰施工； 2. 能进行施工质量检查验收	1. 块料、竹木面层铺设、软质面层铺设施工； 2. 质量检验	实操	根据学生实际操作的工艺过程、完成时间和结果进行评价，操作结果参照相应施工质量验收规范
12	楼梯及扶栏装饰施工实训	1. 能完成常用楼梯及扶栏装饰施工； 2. 能进行施工质量检查验收	1. 块料面层铺设、软质面层铺设施工； 2. 金属扶栏施工； 3. 质量检验	实操	根据学生实际操作的工艺过程、完成时间和结果进行评价，操作结果参照相应施工质量验收规范
13	室内陈设制作与安装实训	1. 能完成室内陈设的选择或制作； 2. 能进行施工质量检查验收	1. 室内家具选择与布置； 2. 室内饰品陈设选择与布置； 3. 室内装饰织物选择与布置； 4. 室内绿化制作与布置	实操	根据学生实际操作的工艺过程、完成时间和结果进行评价，操作结果参照相应施工质量验收规范
14	建筑装饰施工图绘制实训	1. 能执行相关规范标准； 2. 能绘制建筑装饰施工图，并进行深化设计； 3. 能绘制建筑装饰竣工图； 4. 审核图纸与图纸会审	1. 中小型空间建筑装饰施工图绘制； 2. 根据中小型空间施工图，模拟施工现场进行深化设计； 3. 图纸会审； 4. 建筑装饰竣工图绘制	实操	用真实的工程施工图纸作为评价载体，按照绘图的程序，根据学生绘图速度、对图纸内容领会的准确度、图纸的认知程度和综合对应程度进行评价
15	建筑装饰工程计量与计价实训	1. 能编制施工图预算； 2. 能编制投标报价	1. 装饰工程工程量清单计量与计价； 2. 装饰工程施工图预算	技术经济文件编制	根据工程量清单与计价文件编制过程和结果进行评价

序号	实训名称	能力目标	实训内容	实训方式	评价要求
16	建筑装饰工程招投标与合同管理实训	能编制一般工程的招投标文件	1. 建筑装饰工程招标文件编制实训； 2. 建筑装饰工程投标文件编制实训	技术经济文件编制	根据招投标文件的编制过程和结果进行评价，编制结果参照国家有关工程施工招标投标文件编制规范
17	建筑装饰工程质量检验与检测实训	能进行一般装饰工程的施工质量检查验收	1. 常用检测工具使用； 2. 材料的检验与检测； 3. 楼地面工程、墙柱面装饰工程、顶棚装饰工程、其他装饰工程的质量检查与验收	实操	根据学生实际操作的过程、完成时间和结果进行评价

3.3 选择实训项目

3.3.1 建筑装饰工程技术专业的选择实训项目应包括楼梯及扶栏装饰施工（木楼梯、钢楼梯等）实训、室内陈设制作与安装（固定家具、标识）实训、建筑装饰工程计量与计价实训、建筑装饰效果图实训、建筑装饰工程项目管理实训、建筑装饰工程信息管理实训。

3.3.2 建筑装饰工程技术专业的选择实训项目应符合附表3.3.2的要求。

建筑装饰工程技术专业的选择实训项目　　　附表3.3.2

序号	实训名称	能力目标	实训内容	实训方式	评价要求
1	楼梯及扶栏装饰施工实训	1. 能完成施工； 2. 能进行施工质量检查验收	1. 木楼梯、钢楼梯、玻璃楼梯安装施工； 2. 木扶栏施工； 3. 质量验收	实操	根据实训准备、操作过程和完成结果进行评价
2	室内陈设制作与安装实训	1. 能进行选择或制作与安装； 2. 能进行施工质量检查验收	1. 室内固定家具制作与安装； 2. 室内标识制作与安装	实操	根据学生实际操作的过程、完成时间和结果进行评价
3	建筑装饰工程计量与计价实训	能完成工程预算与结算	1. 装饰工程施工预算； 2. 装饰工程竣工结算	实操	根据项目实训准备、操作过程和完成结果进行评价

序号	实训名称	能力目标	实训内容	实训方式	评价要求
4	建筑装饰效果图实训	能够完成中小型空间效果图绘制	1. 居住空间效果图制作实训；2. 商业空间效果图制作实训；3. 办公空间效果图制作实训	实操	根据实操过程、完成时间和结果进行评价，实操结果考核
5	建筑装饰工程项目管理实训	能组织一般建筑装饰工程施工与管理	1. 工程招投标；2. 图纸深化与施工交底；3. 施工组织设计与施工图预算编制；4. 项目经理部设置；5. 文明施工现场布置	技术经济文件编制与实操	根据学生对工程施工各种技术经济文件的编制和组织管理情况，参照《建设工程项目管理规范》GB/T 50326规定进行评价
6	建筑装饰工程信息管理实训	1. 能用相关软件进行资料填写管理；2. 能够书写整理相关资料	建筑装饰工程施工技术资料模拟实训	实操，形成技术文件	根据实操过程、完成时间和结果进行评价

3.4 拓展实训项目

3.4.1 建筑装饰工程技术专业可根据本校专业特色，自主开设拓展实训项目。

3.4.2 建筑装饰工程技术专业开设建筑幕墙施工实训、特种门安装实训、建筑装饰工程招投标与合同管理实训、建筑幕墙施工图绘制实训、建筑节能实训等拓展实训项目时，其能力目标、实训内容、实训方式、评价要求宜符合附表3.4.2的要求。

建筑装饰工程技术专业的拓展实训项目　　　　　附表3.4.2

序号	实训名称	能力目标	实训内容	实训方式	评价要求
1	建筑幕墙施工实训	1. 能够识读施工图纸；2. 能阅读理解技术方案；3. 能够配料；4. 能对工程的施工质量进行检查验收	1. 骨架式玻璃幕墙施工；2. 石材幕墙施工。3. 质量验收	实操	根据学生实际操作的工艺过程、完成时间和结果进行评价，操作结果参照相应施工质量验收规范

序号	实训名称	能力目标	实训内容	实训方式	评价要求
2	特种门安装实训	1. 能进行安装施工； 2. 能进行施工质量检查验收	1. 特种门安装； 2. 质量验收	实操	根据学生实际操作的工艺过程、完成时间和结果进行评价，操作结果参照相应施工质量验收规范
3	建筑装饰工程招投标与合同管理实训	能进行合同签订与管理	建筑装饰工程合同签订与管理实训	实操	根据实操过程、完成时间和结果进行评价
4	建筑幕墙施工图绘制实训	1. 阅读技术资料； 2. 阅读方案图； 3. 完成施工图绘制	建筑幕墙施工图绘制	实操	根据项目实训准备、操作过程和完成结果进行评价
5	建筑节能实训	1. 能进行建筑门窗及幕墙节能检测； 2. 能进行外墙内墙体保温工程施工操作； 3. 能对建筑节能工程的施工质量进行检查验收	1. 建筑门窗及幕墙节能检测； 2. 外墙内保温墙体工程施工； 3. 建筑节能工程施工质量检查验收	实操	根据实操过程、完成时间和结果进行评价，实操结果参照《建筑节能工程施工质量验收规范》GB 50411

3.5 实训教学管理

3.5.1 各院校应将实训教学项目列入专业培养方案，所开设的实训项目应符合本导则要求。

3.5.2 每个实训项目应有独立的教学大纲和考核标准。

3.5.3 学生的实训成绩应在学生学业评价中占一定的比例，独立开设且实训时间1周及以上的实训项目，应单独记载成绩。

4 校内实训基地

4.1 一般规定

4.1.1 校内实训基地的建设，应符合下列原则和要求：

（1）因地制宜、开拓创新，具有实用性、先进性和效益性，满足学生职业能力培养的需要；

（2）源于现场、高于现场，尽可能体现真实的职业环境，体现本专业领域新材料、新技术、新工艺、新设备；

（3）实训设备应优先选用工程用设备。

4.1.2 各院校应根据学校区位、行业和专业特点，积极开展校企合作，探索共同建设生产性实训基地的有效途径，积极探索虚拟工艺、虚拟现场等实训新手段。

4.1.3 各院校应根据区域学校、专业以及企业布局情况，统筹规划、建设共享型实训基地，努力实现实训资源共享，发挥实训基地在实训教学、员工培训、技术研发等多方面的作用。

4.2 校内实训基地建设

4.2.1 基本实训项目的实训设备（设施）和实训室（场地）是开设本专业的基本条件，各院校应达到本节要求。选择实训项目、拓展实训项目在校内完成时，其实训设备（设施）和实训室（场地）应符合本节要求。附表 4.2.2-7～附表 4.2.2-12 顶棚装饰施工实训、墙柱面装饰施工实训、轻质隔墙施工实训、门窗制作与安装实训、楼地面装饰施工实训、楼梯及扶栏装饰施工实训设备（设施）配置部分可共享，数量可根据本校专业规模作适当调整。

4.2.2 建筑装饰工程技术专业校内实训基地的场地最小面积、主要设备名称及数量见附表 4.2.2-1～附表 4.2.2-22。

注：本导则按照 1 个教学班实训计算实训设备（设施）。

建筑装饰材料、构造与施工工艺认知设备配置标准 　　　　附表 4.2.2-1

序号	实训任务	实训类别	主要实训设备（设施）名称	单位	数量	实训室（场地）面积
1	建筑装饰材料、构造与施工工艺认知	基本实训	金属、木制品材料展示	项	1	不小于 300m²
			软制品材料展示	项	1	
			五金、胶、油漆材料展示	项	1	
			建筑材料展示	项	1	
			灯具、电器材料展示	项	1	
			顶棚工程施工构造及工艺展示	项	1	
			墙面施工构造及工艺展示	项	1	
			地面施工构造及工艺展示	项	1	
			门窗施工构造及工艺展示	项	1	
			隔断施工构造及工艺展示	项	1	
			幕墙材料、构造及工艺展示	项	1	

木作装饰技能实训设备配置标准　　　　　　　　　附表 4.2.2-2

序号	实训任务	实训类别	主要实训设备（设施）名称	单位	数量	实训室（场地）面积
1	木作装饰技能实训	基本实训	手工锯、割、刨、削工具及配件	套	8	不小于 60m²
			木工雕刻机	台	8	
			气钉枪	把	8	
			木工联合机床	台	1	
			空压机	台	8	
			电圆锯	台	8	
			手电钻	把	8	
			砂纸磨光机	台	8	
			修边机	台	8	
			木工操作台	个	4	

金属装饰制作安装技能实训设备配置标准　　　　　附表 4.2.2-3

序号	实训任务	实训类别	主要实训设备（设施）名称	单位	数量	实训室（场地）面积
1	金属装饰制作安装技能实训	基本实训	钢材机	台	1	不小于 100m²
			电焊机及配件	套	8	
			气动圆盘打磨器	台	8	
			空压机	台	8	
			手工锯割工具	套	8	
			电动角向磨光机	台	8	
			台钳	台	8	
			拉铆枪	把	8	
			电钻	把	8	
			台钻	台	4	
			型材切割机	台	4	
			氩弧焊机	台	4	
			手工小工具	套	8	
			金属操作台	个	4	

装饰涂裱技能实训设备配置标准　　　　　　　　　附表 4.2.2-4

序号	实训任务	实训类别	主要实训设备（设施）名称	单位	数量	实训室（场地）面积
1	装饰涂裱技能实训	基本实训	喷枪	把	8	不小于 70m²
			弹涂喷枪	把	8	
			辊筒	套	8	
			橡胶辊筒	套	8	
			空压机	台	8	
			环行往复打磨器	台	8	
			手工小工具（铲刀、腻子刮铲、钢刮板、橡皮刮板、调料刀、搅拌棍、打磨块、小提桶、板刷、排笔、钢丝刷等）	套	8	
			长 2m 高 1.5m 与长 1m 高 1.5m 墙体组合成 T 字形工位，留窗洞、空调洞、线盒孔洞	套	8	

装饰镶贴技能实训设备配置标准　　　　　　　　　附表 4.2.2-5

序号	实训任务	实训类别	主要实训设备（设施）名称	单位	数量	实训室（场地）面积
1	装饰镶贴技能实训	基本实训	瓦工工具（铁抹子、压子、目抹子、橡皮锤、木锤等）	套	8	不小于 70m²
			手动切割机	台	8	
			手提式电动石材切割机	台	8	
			长 2m 高 1.5m 与长 1m 高 1.5m 墙体组合成 T 字形工位，留窗洞、空调洞、线盒孔洞	套	8	

水暖电安装实训设备配置标准　　　　　　　　　附表 4.2.2-6

序号	实训任务	实训类别	主要实训设备（设施）名称	单位	数量	实训室（场地）面积
1	水暖电安装	基本实训	万用表	台	8	不小于 100m²
			电锤	把	8	
			电钻	把	8	
			管钳	把	8	
			台钳	台	8	
			手工工具	套	8	
			切割机	台	2	
			长 2m 高 1.5m 与长 1m 高 1.5m 墙体组合成 T 字形工位，留窗洞、空调洞、线盒孔洞	套	8	

顶棚装饰施工实训设备配置标准　　　　　　　　　附表 4.2.2-7

序号	实训任务	实训类别	主要实训设备（设施）名称	单位	数量	实训室（场地）面积
1	顶棚装饰施工	基本实训	激光投线仪	台	8	不小于 70m²
			手枪钻	把	8	
			电锤	把	8	
			码钉枪	把	8	
			气钉枪	把	8	
			空压机	台	8	
			木工联合机床	台	1	
			型材切割机	台	4	
			手工工具	套	8	

墙柱面装饰施工实训设备配置标准　　　　附表 4.2.2-8

序号	实训任务	实训类别	主要实训设备（设施）名称	单位	数量	实训室（场地）面积
1	墙柱面装饰施工	基本实训	激光投线仪	台	8	不小于 70m²
			手枪钻	把	8	
			电锤	把	8	
			码钉枪	把	8	
			气钉枪	把	8	
			纹钉枪	台	8	
			曲线锯	台	8	
			空压机	台	8	
		拓展实训	手提石材切割机	台	1	
			木工联合机床	台	1	
			修边机	台	8	
			开槽机	台	8	
			型材切割机	台	4	
			电焊机	台	2	
			手工工具	套	8	

轻质隔墙施工实训设备配置标准　　　　附表 4.2.2-9

序号	实训任务	实训类别	主要实训设备（设施）名称	单位	数量	实训室（场地）面积
1	轻质隔墙施工	基本实训	激光投线仪	台	8	不小于 100m²
			手枪钻	把	8	
			电锤	把	8	
			码钉枪	把	8	
			钉枪	把	8	
			空压机	台	8	
			铆钉枪	把	8	
			型材切割机	台	4	
			手工工具	套	8	

门窗制作与安装实训设备配置标准　　　　附表 4.2.2-10

序号	实训任务	实训类别	主要实训设备（设施）名称	单位	数量	实训室（场地）面积
1	门窗制作与安装特种门安装	基本实训	激光投线仪	台	8	不小于 70m²
			手枪钻	把	8	
			电锤	把	8	
			码钉枪	把	8	
			气钉枪	把	8	
			空压机	台	8	
		拓展实训	木工联合机床	台	1	
			铆钉枪	把	8	
			型材切割机	台	4	
			铆枪	把	8	
			手工工具	套	8	

楼地面装饰施工实训设备配置标准　　　　　　　　附表 4.2.2-11

序号	实训任务	实训类别	主要实训设备（设施）名称	单位	数量	实训室（场地）面积
1	楼地面装饰施工	基本实训	电锤	把	8	不小于 70m²
			手枪钻	把	8	
			手提电动切割机	台	8	
			手工工具	套	8	

楼梯及扶栏装饰施工实训设备配置标准　　　　　　　　附表 4.2.2-12

序号	实训任务	实训类别	主要实训设备（设施）名称	单位	数量	实训室（场地）面积
1	楼梯及扶栏装饰施工	基本实训	激光投线仪	台	2	不小于 100m
			手电钻	把	8	
			电锤	把	8	
			码钉枪	把	8	
			气钉枪	把	8	
		选择实训	手提电圆锯	把	8	
			空压机	台	8	
			铁艺弯花机	套	1	
			电焊机及配件	套	8	
			型材切割机	台	4	
			手工工具	套	8	

室内陈设制作与安装实训设备配置标准　　　　　　　　附表 4.2.2-13

序号	实训任务	实训类别	主要实训设备（设施）名称	单位	数量	实训室（场地）面积
1	室内陈设制作与安装	基本实训	电脑	台	20	不小于 70m²
			小型雕刻机	台	2	
			曲线锯	台	4	
		选择实训	手电钻	把	8	
			保鲜柜	台	1	
			投影仪、桌椅、资料等	套	1	

建筑装饰施工图绘制实训设备配置标准　　　　　　　　附表 4.2.2-14

序号	实训任务	实训类别	主要实训设备（设施）名称	单位	数量	实训室（场地）面积
1	建筑装饰施工图绘制 建筑幕墙施工图绘制	基本实训	电脑	台	40	不小于 70m²
			打印机	台	1	
			投影仪、桌椅、资料等	套	1	
		拓展实训	扫描仪	台	1	
			AutoCAD等绘图软件（网络版）	套	1	

建筑装饰工程计量与计价实训设备配置标准　　　附表 4.2.2-15

序号	实训任务	实训类别	主要实训设备（设施）名称	单位	数量	实训室（场地）面积
1	建筑装饰工程计量与计价	基本实训	电脑	台	40	不小于 70m²
			预算电算化软件（网络版）	套	1	
		选择实训	打印机	台	1	
			投影仪、桌椅、资料等	套	1	
			资料柜	个	8	

建筑装饰工程招投标与合同管理实训设备配置标准　　　附表 4.2.2-16

序号	实训任务	实训类别	主要实训设备（设施）名称	单位	数量	实训室（场地）面积
1	建筑装饰工程招投标与合同管理	基本实训	电脑	台	40	不小于 70m²
		拓展实训	投影仪、桌椅、资料等	套	1	
			资料柜	个	8	

建筑装饰效果图绘制实训设备配置标准　　　附表 4.2.2-17

序号	实训任务	实训类别	主要实训设备（设施）名称	单位	数量	实训室（场地）面积
1	建筑装饰效果图绘制	选择实训	电脑	台	40	不小于 70m²
			打印机	台	1	
			投影仪、桌椅、资料等	套	1	
			扫描仪	台	1	
			计算机绘图软件（网络版）	套	1	

建筑装饰工程项目管理实训设备配置标准　　　附表 4.2.2-18

序号	名　　称	实训类别	主要实训设备（设施）名称	单位	数量	实训室（场地）面积
1	建筑装饰工程项目管理	选择实训	施工现场项目部配套设施	套	1	不小于 50m²
			电脑	台	40	
			投影仪、桌椅、资料等	套	1	

建筑装饰工程信息管理实训设备配置标准　　　附表 4.2.2-19

序号	实训任务	实训类别	主要实训设备（设施）名称	单位	数量	实训室（场地）面积
1	建筑装饰工程信息与管理实训	选择实训	电脑	台	40	不小于 50m²
			信息管理软件（网络版）	套	1	
			打印机	台	1	
			资料柜	个	3	

建筑装饰工程质量检验与检测实训设备配置标准　　　附表 4.2.2-20

序号	实训任务	实训类别	主要实训设备（设施）名称	单位	数量	实训室（场地）面积
1	建筑装饰工程质量检验与检测	基本实训	质量检验与检测工具	套	8	不小于 100m²
			投影仪、桌椅、资料等	套	1	
			装修工程现场环境		1	

建筑幕墙施工实训设备配置标准　　　附表 4.2.2-21

序号	实训任务	实训类别	主要实训设备（设施）名称	单位	数量	实训室（场地）面积
1	建筑幕墙施工实训	拓展实训	钢材机	台	1	不小于 70m²
			电焊机及配件	套	8	
			电动角向磨光机	台	8	
			台钳	台	8	
			拉铆枪	把	8	
			手电钻	把	8	
			台钻	台	4	
			型材切割机	台	4	
			手工小工具	套	8	
			操作台	个	4	

建筑节能实训设备配置标准　　　附表 4.2.2-22

序号	实训任务	实训类别	主要实训设备（设施）名称	单位	数量	实训室（场地）面积
1	建筑节能实训	拓展实训	建筑节能构造与施工工艺模型；建筑节能节点；建筑节能施工现场环境；检测仪器	套	1	不小于 70m²

4.3　校内实训基地运行管理

4.3.1　学校应设置校内实训基地管理机构，对实践教学资源进行统一规划，有效使用。

4.3.2　校内实训基地应配备专职管理人员，负责日常管理。

4.3.3　学校应建立并不断完善校内实训基地管理制度和相关绩效评价规定，使实训基地的运行科学有序，探索开放式管理模式，充分发挥校内实训基地在人才培养中的作用。

4.3.4　学校应定期对校内实训基地设备进行检查和维护，保证设备的正常安全运行。

4.3.5　学校应有足额资金的投入，保证校内实训基地的运行和设施更新。

4.3.6　学校应建立校内实训基地考核评价制度，形成完整的校内实训基地考评体系。

5 实 训 师 资

5.1 一 般 规 定

5.1.1 实训教师应履行指导实训、管理实训学生和对实训进行考核评价的职责。实训教师可以专兼职。

5.1.2 学校应建立实训教师队伍建设的制度和措施，有计划对实训教师进行培训。

5.2 实训师资数量及结构

5.2.1 学校应依据实训教学任务、学生人数合理配备实训教师，每个实训项目不宜少于2人。

5.2.2 各院校应努力建设专兼结合的实训教师队伍，专兼职比例宜为1∶1。

5.3 实训师资能力及水平

5.3.1 学校专任实训教师应熟练掌握相应实训项目的技能，宜具有工程实践经验及相关职业资格证书，具备中级（含中级）以上专业技术职务。

5.3.2 企业兼职实训教师应具备本专业理论知识和实践经验，经过教育理论培训；指导工种实训的兼职教师应具备相应专业技术等级证书，其余兼职教师应具有中级及以上专业技术职务。

附录A 校 外 实 训

A.1 一 般 规 定

A.1.1 校外实训是学生职业能力培养的重要环节，各院校应高度重视，科学实施。

A.1.2 校外实训应以实际工程项目为依托，以实际工作岗位为载体，侧重于学生职业综合能力的培养。

A.2 校 外 实 训 基 地

A.2.1 建筑装饰工程技术专业校外实训基地应建立在二级及以上资质的建筑装饰工程施工企业。

A.2.2 校外实训基地应能提供与本专业培养目标相适应的职业岗位，并宜对学生实施轮岗实训。

A.2.3 校外实训基地应具备满足学生实训的场所和设施，具备必要的学习及生活条件，并配置专业技术人员指导学生实训。

A.3 校外实训管理

A.3.1 校企双方应签订协议，明确责任，建立有效的实习管理制度。

A.3.2 校企双方应有专门机构和专门人员对学生实训进行管理和指导。

A.3.3 校企双方应共同制定学生实训安全制度，采取相应措施保证学生实训安全，学校应为学生购买意外伤害保险。

A.3.4 校企双方应共同成立学生校外实训考核评价机构，共同制定考核评价体系，共同实施校外实训考核评价。

附录 B 本导则引用标准

1. 建筑装饰装修工程质量验收规范 GB 50210
2. 建筑施工安全检查标准 JGJ 59
3. 建筑节能工程施工质量验收规范 GB 50411
4. 建设工程工程量清单计价规范 GB 50500
5. 建设工程项目管理规范 GB/T 50326
6. 建筑施工组织设计规范 GB/T 50502
7. 建筑内部装修设计防火规范 GB 50222
8. 建筑内部装修防火施工及验收规范 GB 50354
9. 住宅装饰装修工程施工规范 GB 50327
10. 建筑幕墙 GBT 21086
11. 建筑给排水及采暖工程施工质量验收规 GBJ 242—82GBJ 302
12. 建筑电气工程施工质量验收规 GBJ 33—88GBJ 50258—96GB50259
13. 建筑制图标准 GB/T 50104
14. 民用建筑设计通则 GB 50352
15. 建筑地面工程施工质量验收规范 GB 50209

本导则用词说明

为了便于在执行本导则条文时区别对待，对要求严格程度不同的用词说明如下：

1. 表示很严格，非这样做不可的用词：

   正面词采用"必须"；

   反面词采用"严禁"。

2. 表示严格，在正常情况下均应这样做的用词：

正面词采用"应";

反面词采用"不应"或"不得"。

3. 表示允许稍有选择,在条件许可时首先应这样做的用词:

正面词采用"宜"或"可";

反面词采用"不宜"。